Anatomie d'une prédation

Alice Augustin
Cécile Ollivier

Anatomie d'une prédation

Robert Laffont

ISBN : 978-2-221-27895-6
Dépôt légal : avril 2025
Éditions Robert Laffont – 92 avenue de France, 75013 Paris
info@lisez.com

« Hé, chers enfants, qui vous a conduits ici ?
Entrez, venez chez moi !
Il ne vous sera fait aucun mal. »
Elle les prit tous deux par la main,
et les fit entrer dans la maisonnette.

Hansel et Gretel,
Jacob et Wilhelm Grimm

Les hommes condamnent le viol,
ce qu'ils pratiquent, c'est toujours autre chose.

King Kong théorie,
Virginie Despentes

Préambule

À la suite de nos articles publiés le 31 janvier 2024, le 8 février 2024 puis le 29 février 2024, le parquet de Paris a ouvert une enquête pour « viols et agressions sexuelles », et saisi la brigade des mineurs de la police judiciaire parisienne. Selon nos informations, dix femmes ont déposé plainte contre le psychanalyste. À l'heure où nous bouclons ce livre, Gérard Miller, qui réfute toutes ces accusations, n'a pas encore été entendu ni placé en garde à vue par la police. Dans le cadre de cette procédure judiciaire, comme tout justiciable, il bénéficie de la présomption d'innocence.

Nous évoquons longuement la position de Gérard Miller à la fin de cet ouvrage. Cette position a été résumée dans un de ses tweets publié à la suite de l'un de nos articles dans le magazine *Elle* :

« Tout en indiquant avoir eu tout au long de ma vie un grand nombre de rencontres, attractions ou aventures, aussi bien avec des femmes de mon âge qu'avec des femmes plus jeunes, tout en reconnaissant qu'il était aujourd'hui évident pour moi, mais pas à l'époque, qu'il avait pu parfois y avoir entre des femmes plus jeunes et moi, compte tenu de mon statut "d'homme de pouvoir", une dissymétrie qui me semblerait à présent rédhibitoire, j'ai d'emblée précisé m'être toujours assuré du consentement des femmes que j'ai pu fréquenter et récusé de la façon la plus catégorique qui soit toute agression sexuelle et, à plus forte raison, tout viol. »

Introduction

Tout a commencé par un coup de fil : « Il faut que je vous parle de Gérard Miller, vous savez, le psy de la télé. Je viens de le voir, sur *C ce soir*, faire ses grands discours féministes ! Ça me rend dingue. Je suis sûre que ce mec est un prédateur, j'ai un radar ! Il a essayé de m'hypnotiser quand j'étais toute jeune, je sais qu'il l'a fait à une fille que je connaissais à l'époque. Et figurez-vous qu'hier, une autre amie m'a fait comprendre qu'elle avait eu aussi affaire à lui, avec de l'hypnose. » Nous sommes alors en décembre 2023, l'affaire Depardieu révélée par *Mediapart* a pris une nouvelle dimension avec la diffusion, par *Complément d'enquête*, d'images accablantes tournées lors d'un séjour en Corée du Nord. Quelques mois plus tôt, Anouk Grinberg avait accordé à *Elle*[1] un long entretien mettant en cause l'acteur. Judith

1. Alice Augustin, « Anouk Grinberg : "Je l'ai vu faire" », *Elle*, 12 octobre 2023.

Godrèche, elle, venait d'évoquer pour la première fois dans nos pages[1] les violences que lui aurait infligées Benoît Jacquot quand elle avait 14 ans. (Elle a depuis porté plainte pour « viols sur mineur » ; le réalisateur est présumé innocent.) Après une relative accalmie, l'air devient électrique. La colère gronde chez les femmes. Partout, dans les discussions, au sein des rédactions, sur les réseaux sociaux, on perçoit que les digues cèdent, que l'omerta se fissure. Le mouvement #MeToo est soudain pris d'un nouveau sursaut qui se transformera quelques semaines plus tard en tsunami de révélations (affaires Benoît Jacquot, Jacques Doillon, Alain Sarde, Philippe Lioret, #MeTooGarçons...). Mais nous n'en sommes pas encore là lorsque cette femme de notre entourage nous alerte sur le médiatique psychanalyste.

Au sein de notre magazine s'amorce un changement déterminant qui rendra possible l'affaire Gérard Miller. L'hebdomadaire a toujours soutenu la cause des femmes en multipliant les sujets sur la question des violences, des inégalités et des discriminations, mais n'a encore jamais mené d'investigation sur un homme accusé de violences sexuelles. Depuis quelques mois, la directrice de la rédaction, Véronique Philipponnat, et la nouvelle rédactrice en chef, Ava Djamshidi, ont

1. Alice Augustin, « Judith Godrèche : "J'ai été une muse silencieuse" », *Elle*, 9 décembre 2023.

décidé d'ouvrir la voie à ces enquêtes. Et d'ailleurs, pour renforcer notre équipe, elles viennent de recruter une journaliste, Cécile Ollivier, cheffe de service Police-Justice chez BFM TV. Nous nous connaissons à peine lorsque nous évoquons Gérard Miller pour la première fois.

Psychanalyste connu, ancien chroniqueur télé, homme de gauche que l'on accuse d'avoir mêlé hypnose et agressions sexuelles... L'histoire nous semble rocambolesque et nous interpelle. Notre décision est prise, nous commençons à enquêter le matin même. Quelques jours plus tard, Muriel Cousin nous reçoit chez elle, dans sa vaste maison de banlieue parisienne. Elle est la première femme qui accepte de témoigner à visage découvert, un courage qui permettra en grande partie la publication de notre première enquête. Lors ce long entretien, dans son salon autour d'un thé, nous sommes encore loin d'imaginer que plus de quatre-vingts témoins la rejoindront pour dénoncer les agissements d'un homme. Un chœur de femmes déchirant et combatif après des décennies de silence.

Un an plus tard jour pour jour, au moment où nous bouclons la rédaction de ce livre, parmi nos témoins, sept accusent Gérard Miller de viol, vingt-six, d'agression sexuelle et des dizaines nous ont fait le récit de tentative d'hypnose, de rendez-vous empreint de malaise (d'autres médias ont également publié des témoignages). À la suite de nos révélations parues dans *Elle* en janvier et février 2024[1], une enquête a été ouverte par le parquet de Paris, et dans le cadre de cette procédure, Gérard Miller bénéficie de la présomption d'innocence. Parmi nos témoins, huit femmes ont déposé plainte, elles sont dix si on compte deux plaignantes supplémentaires qui se sont confiées à *Mediapart*[2]. Mais cette affaire ne peut se résumer à ces tristes décomptes. Au-delà des chiffres, au-delà de chaque histoire individuelle, l'affaire Gérard Miller est aussi le symptôme d'un fait de société plus vaste, plus systémique.

Tout au long de cette investigation, tant de questions nous ont taraudées : Qui savait ? Qui n'a pas voulu voir ? Comment cet homme a-t-il pu n'être jamais inquiété ? Pourquoi tant de jeunes femmes affirment-elles être tombées dans le piège ? Pourquoi aucune d'elles ne semble avoir porté plainte ? Comment expliquer le silence de son entourage – des

1. Alice Augustin et Cécile Ollivier, « Enquête exclusive : elles accusent Gérard Miller », *Elle*, 31 janvier 2024 ; Alice Augustin et Cécile Ollivier, « 41 femmes témoignent : nos nouvelles révélations dans l'affaire Gérard Miller », *elle.fr*, 8 février 2024 ; Alice Augustin et Cécile Ollivier, « Emprise et plan à trois avec mineures : 16 nouvelles femmes témoignent dans l'affaire Gérard Miller », *elle.fr*, 29 février 2024.

2. Sarah Brethes et Marine Turchi, « Dix nouveaux témoignages contre Gérard Miller, une plainte déposée », *Mediapart*, 6 février 2024.

hommes et femmes puissants de la télé, de la politique – lors de la révélation des dizaines d'accusations ? Et surtout, que dit cette affaire de notre société, et des maux qui la rongent ? De quoi est-elle le nom ?

Par le profil unique de son protagoniste, celui d'un homme qui a frayé avec de multiples sphères de pouvoir – médias, université, psychanalyse, politique, cinéma, théâtre, culture –, l'affaire Gérard Miller nous éclaire comme aucune autre sur les dérives qui rendent possibles les violences sexuelles, un fléau touchant 230 000 femmes en moyenne chaque année[1] selon l'Observatoire national des violences faites aux femmes.

Aveuglement collectif, sexisme crasse, réification des femmes et des jeunes filles, culture du viol, réflexes patriarcaux, mécanisme d'emprise, de sidération, de dissociation, dysfonctionnements de la justice, culpabilisation des victimes... La liste est longue. Glaçante. C'est pourquoi cette affaire demande qu'on se penche sur chaque détail, qu'on en étudie les moindres méandres, qu'on soulève tous les voiles, un par un. Un travail journalistique que nous avons entrepris avec l'espoir qu'il puisse faire bouger les lignes.

---

1. « Les Chiffres de référence sur les violences faites aux femmes », *arretonslesviolences.gouv.fr*

1

Un scénario implacable

« C'est un peu comme la grenouille plongée d'abord dans l'eau froide, quand elle se rend compte que c'est bouillant, il est trop tard. »

Muriel Sachs, l'une des victimes présumées

Il y en a eu dix, puis vingt, puis quarante, et près de quatre-vingts. Quatre-vingts femmes, et autant de témoignages précis, circonstanciés. Une déferlante de souvenirs douloureux qui pourraient remplir à eux seuls cet ouvrage. Lors de notre enquête, face à ces révélations en cascade, il nous a fallu procéder avec méthode. En donnant à chacune de ces témoins un numéro. Un classement de récits déchirants parfois similaires au mot près, alors même qu'elles ignoraient l'existence les unes des autres, alors même qu'elles pensaient toutes être « la seule ». Entretien après entretien, vérification après vérification, un élément nous a très vite frappées : l'existence d'un scénario bien précis dans les agressions qu'elles dénoncent. Une répétition *ad nauseam* des mêmes lieux, des mêmes phrases prononcées lors des agressions présumées, des mêmes obsessions. Tous ces éléments nous ont amenées à parler d'un « mode opératoire ». Comme il a fallu faire un choix, deux témoignages nous paraissent refléter particulièrement la prédation que ces dizaines de femmes décrivent. Nous les livrons ici pour la première fois en intégralité.

Aude, témoin numéro 4

Aude est notre témoin numéro 4, c'est-à-dire la quatrième femme à nous appeler après la publication de notre première enquête dans *Elle*. Au téléphone, sa voix est blanche, nouée par l'angoisse. Elle nous donne rendez-vous le lendemain chez elle dans les Yvelines. Nous nous y rendons en pressentant qu'elle a quelque chose de grave à nous dire. La voilà assise en face de nous, dans son salon aux grandes baies vitrées, ses mains resserrées autour d'une tasse de thé fumant. Des cernes violets creusent son visage. Depuis qu'une amie de longue date lui a envoyé notre article sur Gérard Miller, elle ne cesse de pleurer.

Les témoignages que nous avons recueillis l'ont replongée vingt-trois ans en arrière, en 2001, son année de terminale L, dans une petite ville du Val-d'Oise.

Tous les soirs, la lycéenne regarde Gérard Miller dans l'émission *On a tout essayé*, diffusée sur France 2. Aude et son amie Audrey sont fans du célèbre psychanalyste au phrasé précieux, aux *punchlines* affûtées. Elles le trouvent à la fois brillant et rassurant. En cours, leur professeur de philosophie a commencé à leur parler de Freud, de l'inconscient, ce sujet les captive. Alors, par jeu, par défi, ou peut-être pour tromper leur ennui, les deux jeunes filles décident de tenter un coup d'éclat : décrocher une interview exclusive de cette célébrité pour le journal du lycée. Elles attrapent une feuille de classeur sur laquelle elles rédigent leur demande d'entretien, sans oublier de préciser leur âge et leur numéro de téléphone.

Le vendredi 9 novembre 2001, le jour de ses 17 ans, Aude raconte avoir reçu un étonnant cadeau. Le téléphone sonne, elle décroche : « Bonjour, c'est Gérard Miller. Vous souhaitiez me voir ? Je suis d'accord. » La lycéenne croit d'abord à une blague, mais il s'agit bien de l'éminent chroniqueur qui lui donne rendez-vous dès le dimanche suivant, chez lui, dans son hôtel particulier du 11e arrondissement. Le jour J, Aude enfile son pantalon fétiche, en velours côtelé, avec un dessin japonais brodé sur le côté et se fait accompagner par son amie Audrey et son copain Matthieu. « Vous êtes venues avec votre garde du corps ? », leur lance Gérard Miller en découvrant le trio sur le pas de sa porte. Le rendez-vous est très rapide. Rien de particulier à signaler.

Mais une fois rentrée chez elle, Aude commence à recevoir régulièrement des messages du quinquagénaire sur son téléphone. Il aimerait bien « revoir Aud... et Aud... » écrit-il, en jouant sur la similarité de leurs prénoms. Enchantées, les deux filles reprennent le chemin de Paris quelques jours plus tard. Cette fois, selon Aude, l'entrevue dure un peu plus : le chroniqueur leur fait visiter son cabinet de psychanalyste, décoré de nombreux portraits de Mao. Un chat, Scarlett, traverse silencieusement la pièce. Dans ce bureau où il reçoit ses patients, Gérard Miller leur parle d'hypnose, l'un de ses sujets de prédilection, sur lequel il s'apprête à publier un livre, *Hypnose, mode d'emploi*[1]. Il est certain de pouvoir les hypnotiser. Voudraient-elles essayer ? Audrey refuse tout net. Pas question pour elle de tenter l'expérience. Aude, curieuse, est au contraire partante. Mais l'ancien maoïste est catégorique : soit il les hypnotise toutes les deux en même temps, soit il ne le fait pas du tout. Aude trouve sa copine rabat-joie, elle digère sa déception sur le chemin du retour dans le Val-d'Oise.

Loin de s'être vexé, le psychanalyste continue à lui envoyer des messages, parfois au moment même

1. Stock, 2002.

où il est à l'antenne, ce qui amuse et impressionne la jeune fille. Voilà qu'il l'invite à le rejoindre, seule, à une conférence qu'il donne à Paris. Aude accepte. « Je me revois mettre mes chaussures, assise sur les marches devant chez moi, ma mère m'a dit : “Vas-y, amuse-toi bien” », raconte tristement Aude vingt-trois ans plus tard. De fait, la journée commence bien, selon elle. Après le colloque, le psy le plus connu du PAF emmène la lycéenne bruncher avec Laurent Ruquier, animateur star de l'émission *On a tout essayé*. « Ils parlaient du dernier spectacle d'Élie Semoun, qu'ils avaient trouvé merdique. J'avais 17 ans et l'impression de vivre un rêve. C'étaient des gens que je regardais tous les soirs à la télévision ! » analyse aujourd'hui la quadragénaire. À la fois éblouie et un peu intimidée, Aude accepte ensuite de retourner chez lui, dans la belle maison du 11e arrondissement.

Cette fois, dit-elle, le chroniqueur prend le temps de lui faire visiter les lieux, lui parle fièrement de la salle du sous-sol, aménagée avec un bar, pour recevoir et organiser des fêtes. Il tient ensuite à lui montrer sa « pièce japonaise ». C'est le mot qui vient aux lèvres d'Aude, sans que nous l'ayons écrit dans notre premier article paru dans *Elle*, quand elle repense à la décoration, avec des tentures et une lumière rouge. Sans se rappeler exactement comment, Aude raconte s'être retrouvée allongée dans cette chambre, le psy couché sur son corps ; il lui aurait demandé si elle avait déjà couché avec un garçon. À tout juste 17 ans, elle n'a aucune expérience sexuelle, et le lui dit. Le psychanalyste de 53 ans aurait alors prononcé cette phrase qui reste gravée dans sa mémoire : « Je ne serai pas ton premier, mais on peut faire d'autres choses », avant, d'après elle, de lui imposer une fellation.

Lorsque nous la rencontrons, Aude n'est pas au meilleur de sa forme. Psychologue de profession, elle est en arrêt pour burn-out. Elle a accompagné l'une de ses patientes qui a subi un viol tout au long de son parcours judiciaire, allant même témoigner pour elle à la barre du tribunal. « Je me suis effondrée à la fin du procès, après l'avoir défendue corps et âme, nous dit notre témoin. Et puis, la semaine d'après, votre article est paru. » Voir Gérard Miller en photo, le récit des victimes décrivant l'hôtel particulier, la salle au sous-sol, les séances d'hypnose, les viols et les agressions sexuelles présumés a fait resurgir cette scène qu'elle avait enfouie en elle. « Ça remonte, ça bouillonne, des images me reviennent », nous dit-elle, avant d'ajouter : « J'ai tellement peur qu'on ne me croie pas. Parce que je lui ai écrit, parce que je suis allée chez lui de mon plein gré. » Ses proches, à commencer par son conjoint et sa psychologue, savaient depuis des années qu'elle avait rencontré le psychanalyste chez lui, mais pas la suite. Son mari nous raconte que dès qu'elle abordait le sujet de la

« pièce japonaise », son épouse s'énervait, se fermait. Le jour de la parution de notre enquête, sa psychologue lui a écrit par SMS : « Si vous avez besoin de parler, on peut se voir quand vous voulez. » Depuis, Aude a déposé plainte pour viol sur mineure. L'enquête est en cours.

Mathilda, témoin numéro 32

Dix-neuf ans après la scène que décrit Aude, une autre jeune femme, Mathilda, a, elle aussi, croisé la route de Gérard Miller. En février 2020, la jeune femme vient d'avoir 18 ans, elle est étudiante en licence de psychologie à l'université catholique de l'Ouest, à Guingamp, dans les Côtes-d'Armor. Ses professeurs ont demandé aux élèves de réaliser l'interview d'une personne travaillant dans ce domaine. Mathilda ne connaît pas Gérard Miller mais ses parents, eux, pensent aussitôt au psychanalyste le plus célèbre du PAF. L'étudiante lui envoie un mail dans lequel elle sollicite une interview, lui indiquant qu'elle est de passage à Paris pour quelques jours. Le septuagénaire lui répond le 28 février 2020, à 9 h 03 : « Voulez-vous assister en régie à l'émission à laquelle je participe aujourd'hui de 18 heures à 19 h 30 ? » propose-t-il, dans un mail que nous avons pu consulter. Mathilda accepte avec enthousiasme, tout en lui précisant qu'elle sera concise : « Pour ne pas abuser de votre précieux temps. »

Le chroniqueur serait passé chercher la jeune femme à scooter, dans le quartier Saint-Michel, pour l'emmener dans les studios de la chaîne info où elle passe deux heures en régie. À l'issue de l'émission, Miller répond de bonne grâce à toutes ses questions et lui propose même de continuer la discussion autour d'une pizza, dans un restaurant à côté de chez lui. Mathilda accepte. Durant le trajet sur le scooter du psychanalyste, ce dernier lui pose une série de questions étonnantes. Il veut notamment s'assurer qu'elle est majeure, car sinon, il faudrait que ses parents signent une attestation. La jeune fille le rassure : elle a bien 18 ans. Il lui propose aussi d'appeler sa mère, lui demande si elle est sûre de vouloir l'accompagner. « J'ai répondu oui, nous raconte Mathilda au téléphone, pour moi, il était de toute façon question d'aller dans une pizzeria, et en aucun cas chez lui. » C'est pourtant devant l'hôtel particulier du 11e arrondissement qu'elle se retrouve, car l'homme de télévision doit repasser chez lui nourrir ses chats.

Tandis qu'il lui fait visiter son grand bureau de psychanalyste, où paressent deux magnifiques félins et un chinchilla enfermé dans une cage, la jeune fille comprend qu'en fait, ils vont dîner sur place, et que ni sa femme, ni sa fille ne sont présentes, contrairement à ce qu'il a prétendu. « Je sens une forme de drague qui s'installe, mais comment repousser des avances qui n'ont pas encore eu lieu ? » se demande Mathilda dans un texte qu'elle a écrit peu après les faits, et qu'elle nous a transmis. Tout en partageant une pizza dans la cuisine, Miller lui aurait parlé de Lacan, de Freud, de psychanalyse. Il aurait posé aussi beaucoup de questions sur elle. La jeune femme en vient à lui parler de son adolescence orageuse, empreinte d'incompréhension, de crise d'identité, et de quelques mauvaises rencontres. « Sans le vouloir, je lui ai montré ma fragilité », dit Mathilda.

Selon son récit, le septuagénaire lui sert un whisky japonais, lui propose de faire une série de tests psychologiques. L'étudiante n'en a pas très envie, mais elle n'ose pas dire non : « J'avais une soirée prévue, et je me sentais déjà mal à l'aise à ce moment-là, mais il avait été gentil, je ne me voyais pas lui dire non. Je voulais juste finir vite les tests, et partir. » Il la conduit dans la fameuse salle au sous-sol, la fait asseoir sur un grand canapé. « Tout ça s'est fait très lentement, très progressivement », nous explique Mathilda, dont les souvenirs sont très précis. Gérard Miller lui aurait demandé de mettre ses mains en parallèle, pour voir si elle les sent se rapprocher puis l'aurait invitée à fermer les yeux, à ressentir les émotions. Petit à petit, il la prie de s'allonger, d'enlever ses chaussures, puis sa veste. Malgré la panique qui monte, la jeune femme s'exécute. Le psychanalyste lui aurait enjoint d'imaginer une échelle, une dune de sable à l'infini, un cheval, censé représenter sa relation aux hommes. À chaque fois qu'elle rouvre les yeux, il lui intime de les refermer.

Selon elle, voilà qu'il lui demande s'il peut lui enlever son soutien-gorge, « parce qu'il faut que ce soit souple », qu'elle n'ait pas de sensations désagréables. « Et en fait, il a commencé à poser ses mains sur mon corps, sur ma poitrine, en dessous de mes vêtements. Je n'ai pas dit non, mais je n'ai pas dit oui non plus. Je ne voulais pas de cette situation. » Toujours d'après son récit, alors qu'il lui touche le buste et le ventre, le chroniqueur de 71 ans lui parle d'un coffre situé au fond de la mer, lui demande d'imaginer ce qu'il y a à l'intérieur, et Mathilda répond qu'il est vide, qu'il n'y a que de la poussière. Enfin, calmement, il lui aurait demandé de se réveiller. Alors qu'elle reprend ses esprits, le psy lui explique qu'elle n'a pas d'estime d'elle-même, c'est le symbole du coffre vide. Puis il lui propose un autre verre qu'elle refuse, lui offre de rester dormir sur place, parce que sa femme et sa fille ne rentreront que le lendemain. « Je voulais juste partir vite », dit Mathilda.

Gérard Miller lui aurait alors commandé un Uber. Au chauffeur, il demande : « Dépose-la au bon endroit, fais bien attention à elle. » Plus tard, il lui aurait même envoyé un SMS pour s'assurer qu'elle est rentrée, lui dit qu'il aimerait beaucoup la revoir.

Mathilda, elle, fait une crise de panique en sortant du véhicule. Elle appelle son fiancé, lui raconte la scène en sanglotant. « Elle avait l'air totalement désorientée », se souvient, quatre ans après, ce dernier, en confirmant l'ensemble de son récit. Quelques heures plus tard, l'étudiante en psychologie consigne les événements dans le texte qu'elle nous a transmis. « C'est ma dignité, ma passion pour la psychologie, ma confiance en moi que j'ai perdues, écrit-elle. Qui aurait pensé qu'en allant à ce rendez-vous avec Miller, j'allais obtenir une version de moi qui me dégoûte. »

Depuis lors, elle a beaucoup de mal à être touchée, et a même parfois du mal à ressentir son propre corps. Pourtant, comme beaucoup d'autres victimes présumées, elle n'a pas déposé plainte à l'époque. Au moment où nous avons réalisé l'interview, Mathilda avait l'intention de le faire, et pris contact avec un avocat.

Paillettes, hypnose et manipulation, les ressorts d'un mode opératoire

Récit après récit, de troublantes similitudes, un faisceau de détails concordants reviennent encore et encore. Ces stratagèmes bien rodés auraient servi de préambule aux agressions. « C'est arrivé très progressivement », confirme Mathilde, qui accuse Gérard

Miller de viol. « Il nous a amenées peu à peu à faire ce qu'il voulait », raconte Vanessa*[1]. « C'est un peu comme la grenouille plongée d'abord dans l'eau froide, quand elle se rend compte que c'est bouillant, il est trop tard », analyse Muriel[2].

Premier point commun marquant : la jeunesse des témoins, qui avaient à l'époque entre 14 et 22 ans. Les plus âgées sont d'ailleurs celles qui, le plus souvent, auraient réussi à se tirer d'affaire en refusant de suivre Gérard Miller à son domicile, ou en mettant fin à une séance d'hypnose dérangeante.

Ensuite, la fatale attraction pour la notoriété, et surtout pour la télévision, dont le psychanalyste aurait

1. Les prénoms suivis d'un astérisque ont été modifiés à la demande des personnes interviewées.

2. Pour rappel, tous les témoignages que nous avons recueillis au fil des mois ont fait l'objet de recoupements, de vérifications. Pour ce faire, nous avons demandé à ces femmes des détails sur la configuration des lieux, le *modus operandi*, les paroles prononcées... Des informations que nous n'avions sciemment pas publiées dans nos premières enquêtes. Nous leur avons également demandé de nous envoyer les preuves matérielles dont elles disposaient : extraits de journaux intimes, cahiers de cours ou documents administratifs de la fac, mails, textos, notes manuscrites, photos, lettres envoyées par Gérard Miller, livres dédicacés de sa main... Enfin, nous avons contacté des personnes de leur entourage à qui elles s'étaient confiées sur ce sujet afin de vérifier la probité de leur témoignage. Ce travail fastidieux a permis de nous assurer de la véracité et de la crédibilité de ces récits.

usé pour gagner la confiance de ces jeunes filles. Ainsi, environ une trentaine de nos témoins auraient été directement abordées lors des émissions où il officiait en tant que chroniqueur : à la radio, dans *Rien à cirer* sur France Inter, dans *On va s'gêner* sur Europe 1, mais aussi et surtout sur des plateaux télé, principalement lors des enregistrements de *On a tout essayé*, programme culte des années 2000 présenté par Laurent Ruquier. Au milieu des techniciens, assistants de production, chroniqueurs et invités célèbres, Gérard Miller papillonne dans le public, va à la rencontre des jolies jeunes filles, souvent placées au premier rang, leur demande en premier lieu leur âge, les interroge sur leur vie, leurs études, leurs passions. Parfois, certaines auraient été invitées à visiter les loges où, éblouies, elles échangent quelques mots avec les chroniqueurs ou sont conviées à un brunch avec Laurent Ruquier, comme Aude, ou à un dîner avec Philippe Geluck à la Maison du Caviar, comme le raconte Marie-Laure*.

Si les plateaux de télévision semblent avoir constitué un terrain de chasse privilégié (et pour cause : il s'y trouvait cinq jours par semaine), Gérard Miller ne s'y serait pourtant pas limité. En tant que directeur du département de psychanalyse à l'université Paris-8 pendant plus de trente ans, l'estrade de sa salle de classe est une autre scène où il peut briller devant un parterre de jeunes étudiantes, qu'il invite d'ailleurs parfois à assister à ses émissions. Il aurait également sévi sur les plateaux de cinéma. Plusieurs actrices, dont Anna Mouglalis, nous ont en effet raconté que le psychanalyste, scénariste notamment de deux films de Francis Girod dans les années 1990, les aurait invitées à son domicile pour travailler sur les dialogues puis leur aurait proposé des séances d'hypnose. (Anna Mouglalis a réitéré ses propos devant la Commission d'enquête parlementaire relative aux violences commises dans le secteur du cinéma, notamment.)

Enfin des jeunes filles de son cercle familial et amical nous ont également contactées. Trois baby-sitters, trois anciennes petites amies de son beau-fils, une amie de sa nièce, une copine de la sœur de sa compagne, et enfin Muriel Sachs, la fille de son collègue et ami, le metteur en scène Alain Sachs. Parmi elles, Narjess, un amour de vacances de son beau-fils, a déposé plainte pour un viol qui aurait été commis lors d'une séance d'hypnose au Club Med de Hammamet, en Tunisie, en 1993, alors qu'elle était âgée de 15 ans.

Le tour du propriétaire

Pour celles qui ne font pas partie de son entourage proche, une étape se serait révélée incontournable : la visite de son hôtel particulier, magnifique maison sise à l'est de Paris. Après une invitation au restaurant, à l'un de ses spectacles ou à l'une de ses pièces de théâtre, le médiatique psychanalyste aurait trouvé un prétexte pour les attirer à son domicile. Très souvent, elles sont deux copines invitées à faire ce tour du propriétaire : « J'ai eu l'impression qu'on était là pour acheter une baraque », dit Vanessa*, qui raconte avoir été agressée sexuellement, avec une copine de classe, à l'âge de 19 ans, en 2003. Près de quatre-vingts témoins nous ont décrit très précisément le lourd portail à l'entrée, la maison située au fond d'une cour, le cabinet de psychanalyse à gauche du couloir, décoré de portraits de Mao, les chats, les perroquets ou le chinchilla en cage. Elles nous ont dépeint une pièce au sous-sol équipée d'un home cinema et d'un bar, où le chroniqueur organise parfois des fêtes pour ses collègues de *On a tout essayé*. Gérard Miller aurait parfois servi à quelques-unes une boisson, un Ice Tea, un Baileys ou un whisky japonais. Il les aurait ensuite menées à l'étage, dans une pièce que beaucoup de ces femmes ont baptisé, sans jamais s'être rencontrées la « pièce japonaise », ou « japonisante ». Cette expression leur vient spontanément à l'esprit lorsqu'elles évoquent les tatamis au sol, les tentures aux motifs asiatiques, le jardin zen japonais miniature avec du sable, une lumière rouge... et les livres d'hypnose posés sur le bureau.

C'est le moment où Gérard Miller leur aurait proposé tantôt « une séance d'hypnose », « de relaxation », un « jeu qu'il fait souvent avec ses patients » ou un « test psychologique ». Selon leur récit, les jeunes femmes sont invitées à enlever leurs chaussures, à s'allonger sur les tatamis, à fermer les yeux, à respirer pour se détendre. Le psychanalyste aurait utilisé des images, souvent une dune, un cheval, censé représenter, dit-il, leur relation aux hommes, un coffre enfoui au fond de la mer, dont il leur demande de décrire le contenu. À certaines, comme Jennifer, 15 ans, il propose de s'imaginer nues dans un bain. Cette dernière trouve l'image et le moment si gênants qu'elle se lève et met immédiatement fin à la séance. D'autres, moins sûres d'elles, plus intimidées par cet homme célèbre dans cette maison si luxueuse, ou qui décrivent alors un état brumeux de semi-conscience, expliquent ne pas avoir su dire stop. Elles racontent les mains du chroniqueur, alors quinquagénaire, passant sous leurs vêtements, dégrafant leur soutien-gorge, touchant leur corps, leur poitrine, leur ventre, leurs fesses, leurs jambes. Vingt-six de nos témoins décrivent ainsi une agression sexuelle ; sept évoquent des viols ; huit ont déposé plainte à la suite de nos articles. Ces accusations font toujours l'objet d'une enquête du parquet de Paris, et Gérard Miller bénéficie de la présomption d'innocence.

Argent liquide et relances

Certaines quittent alors la pièce japonaise en catastrophe, comme Muriel Sachs qui dit avoir dévalé l'escalier et terminé de se rhabiller sur le trottoir du boulevard Voltaire. Mais nombre de nos témoins nous ont décrit ces moments surréalistes, où Gérard Miller, toujours aussi souriant, voire mielleux, leur appelle un taxi, s'assure qu'elles sont bien rentrées, les inonde par la suite d'appels et de SMS pour les inviter à d'autres spectacles, d'autres soirées, d'autres émissions. Il aurait poursuivi par exemple de ses assiduités Jennifer, 15 ans et demi en 1997, rencontrée sur le plateau de *Vivement dimanche*, au Studio Gabriel. Encore sidérée vingt-sept ans après, elle affirme que le psy a tenté de l'hypnotiser avant de l'embrasser. Après qu'elle a pris la fuite et raconté sa mésaventure à sa sœur, il aurait continué à la contacter tous les week-ends, en lui disant qu'il y avait « quelque chose de spécial » entre eux. À certaines, il aurait même donné de l'argent pour un taxi. Devant Sylvaine, qui rapporte un rapport sexuel alors qu'elle était mineure, en classe de première, il sort son portefeuille pour lui permettre d'acheter un billet de train : « Je lui ai dit : “C'est bizarre”, et il a ricané », nous raconte-t-elle. Gwladys*, qui nous dépeint un « assaut » qu'elle a réussi à éviter en 1999, dit avoir reçu juste après un billet de 100 francs pour son taxi du retour : « Je ne l'ai pas très bien vécu, mais je l'aurais encore plus mal ressenti si nous avions eu un rapport sexuel. »

Les faits dénoncés par toutes ces femmes s'étalent sur près de trois décennies. L'agression présumée la plus ancienne date de 1988, il s'agit de Delphine, 20 ans à l'époque, professeur de piano des enfants de Gérard Miller et amie de sa nièce.

La plus récente est celle que raconte Mathilda, notre « témoin numéro 32 », en 2020. Mais une période plus circonscrite concentre un grand nombre de récits : la moitié des viols et agressions sexuelles dénoncés se seraient produits entre 2000 et 2004. Par ailleurs, une dizaine d'autres témoignages ont également été mis à jour dans une enquête de *Mediapart* parue peu après la sortie de notre premier article dans *Elle*, portant à plus de quatre-vingt-dix aujourd'hui le nombre de femmes mettant en cause Gérard Miller pour des faits graves ou décrivant des tentatives d'hypnose et des comportements inappropriés.

Des nouveaux témoignages

Depuis la publication du troisième volet de notre enquête dans le magazine *Elle*, une dizaine de nouvelles femmes affirment avoir eu affaire à Gérard Miller. Des mises en cause auxquelles l'avocate de

Gérard Miller, Louise Tort, n'a pas souhaité répondre, « réservant [s]a parole à ceux chargés de rendre la justice dans le respect des principes de l'État de droit », nous écrit-elle le 13 janvier 2025. Parmi ces nouveaux témoins, l'actrice Marianne Denicourt. Elle a 29 ans quand elle le croise sur le plateau du film de François Girod, sorti en 1996, *Passage à l'acte*, l'histoire d'un psychanalyste à qui un patient révèle un crime qu'il a commis. Elle joue alors l'assistante du psy.

Elle se livre pour la première sur cette rencontre : « Gérard Miller venait sur le plateau pratiquement tous les jours, il prenait plaisir à voir comment fonctionnait un film, à rencontrer l'équipe. Il était extrêmement sympathique, chaleureux et souriant. Absolument pas un homme dont on se méfiait. Nous avons commencé à discuter du film, il donnait des conseils tout à fait valables. C'était quelqu'un d'impressionnant, d'instruit et de cultivé. Une cordialité s'installe entre nous, sans l'ombre d'une ambiguïté. Puis, il me parle un jour de sa formation à l'hypnose et me dit que c'est vraiment une expérience très intéressante. Moi, j'ouvre de grands yeux ; je trouve ça fascinant. Il me propose d'essayer. Je trouve l'idée très bonne, il me fixe rendez-vous au milieu de l'après-midi à son cabinet, donc rien de déplacé qui puisse m'alerter. Il me fait faire quelques exercices pour savoir si je suis apte à être hypnotisée comme me lâcher en arrière, et il me récupère au dernier moment pour voir si j'ai confiance en lui. C'est un peu étrange, mais je ne me méfie toujours pas. Il me demande de m'allonger sur le divan et prend une voix très douce : "Fermez les yeux, détendez vos bras, vos jambes, votre tête..." puis il me demande de visualiser des images. Soudain, il se met à me tutoyer et murmure : "Ton corps est allongé sur le sable chaud, tu es nue et tu sens la chaleur du sol et du sable envahir ton corps." Là, je me dis : "Ça ne me va pas du tout !" Je me suis relevée instantanément, complètement crispée. Je me suis excusée, j'ai ramassé mes affaires et je suis partie. Si j'avais été plus jeune et moins expérimentée, je ne sais pas comment j'aurais réagi. » Également actrices sur ce tournage, Hélène Fillières, 24 ans alors, et Anne Parillaud n'ont pas répondu à nos sollicitations.

Parmi les nouveaux témoignages trouvés au cours de la rédaction de ce livre, plusieurs étudiantes à Paris-8, mais aussi Eva*. Elle rencontre le psy lors d'un meeting de Jean-Luc Mélenchon en 2012 par l'entremise d'un jeune chargé de com de la campagne du leader de La France insoumise (LFI). Il se trouve qu'elle a fait sa scolarité au lycée Montaigne en même temps que le fils du psychanalyste. Le 26 avril 2017, lors d'un rendez-vous donné par mail (que nous avons pu consulter), elle affirme que Gérard Miller lui a touché la poitrine par surprise lors d'une séance d'hypnose alors qu'elle venait chercher des conseils professionnels. Nadja, 19 ans en 1996, déclare, elle, avoir subi des attouchements sur la poitrine lors d'une « séance de relaxation » qu'il lui aurait imposée après une invitation à un spectacle de Laurent Ruquier. Elle s'enfuit mais le psy la relance à plusieurs reprises. Elle a encore en sa possession le courrier à en-tête envoyé dans une enveloppe siglée des initiales GM : « Chère Nadja, que deviens-tu ? N'oublie pas de me faire signe si tu passes à Paris, Cordialement à toi, Gérard Miller. »

Enfin, nous avons reçu l'appel de Diane, 16 ans en 2003. Elle rencontre Gérard Miller le 21 juin 2003, à la fête de départ de la directrice de l'école Ave Maria, dans le 4e, où étaient scolarisés les enfants du psychanalyste. La mère de Diane nous explique que le chroniqueur a « flashé » sur sa fille, une grande blonde extrêmement jolie « qui se faisait souvent draguer par des quinquas ». Cette maman a noté toutes les dates dans ses agendas, qu'elle a conservés. Le 24 juin, Diane est invitée sur le plateau de *On a tout essayé*. Le 25, elle est conviée à assister à l'émission *On va s'gêner* sur Europe 1. À chaque fois, le psy vient la chercher à scooter. Le 27, elle est invitée chez lui. Il lui aurait déroulé ensuite son programme habituel : visite des lieux, dégustation d'un Ice Tea, salle japonisante, et test pour voir si elle est réceptive à l'hypnose. « Il m'a demandé de me déshabiller, dit Diane, mais j'ai refusé tout net. Heureusement, ma mère est arrivée peu après, elle avait insisté pour venir me chercher. » Celle-ci se rappelle encore l'air contrarié du thérapeute. « Par la suite, il a même voulu inviter Diane en week-end à Lille. Il en était hors de question ! Je lui ai demandé ensuite de laisser ma fille, qu'elle était bien trop jeune. »

2

Sur les plateaux de télévision, la chasse aux yeux de tous

« Il a foncé sur nous comme un aigle. »

Agathe, une témoin

Les années 1990-2000 : le petit écran est roi

Il faut fermer les yeux, et imaginer un monde sans Twitter, Instagram, Facebook, sans aucun réseau social. La seule chaîne d'information en continu est alors la sage et sobre LCI. Dans ce monde d'avant, la télévision est au faîte de sa puissance. C'est dans ce contexte que Gérard Miller apparaît pratiquement chaque soir sur le petit écran, c'est à cette époque pas si lointaine que son visage et sa voix s'invitent dans des millions de foyers.

Le psychanalyste a fait ses premiers pas dans la presse écrite avec le quotidien *Libération*. En 1988, il analyse les profils psychologiques des candidats à la présidentielle dans une chronique, « Les infortunes du divan », où il traite notamment Raymond Barre de « névrosé obsessionnel ». Mais c'est la rencontre avec l'animateur Laurent Ruquier qui lui donne accès à la lumière médiatique. En 1995, ce dernier invite Gérard Miller sur France Inter dans son émission *Rien à cirer*, à l'occasion de la sortie d'un livre. Il a un coup de cœur pour ce psy au verbe acéré, et l'embauche comme chroniqueur. Les deux hommes ne se quitteront plus. Après l'avoir emmené dans ses bagages à Europe 1 dans *On va s'gêner*, Ruquier lui ouvre les portes de la télévision avec *On a tout essayé*, programme culte diffusé sur France 2 de septembre 2000 à juin 2007, un talk-show où l'on commente l'actualité de la semaine sur un ton humoristique et décalé, et dont le succès repose sur le concept de « bande », soit un savant cocktail de personnalités. Il faut y croiser l'impertinent, le râleur, le boute-en-train, la féministe... pour que prenne la mayonnaise d'une conversation animée. Si Laurent Ruquier est le chef de bande, ils sont une quarantaine à tourner pour six places autour de la table. Mais Miller y a très vite son rond de serviette à chaque émission pendant huit ans.

Visage émacié, diction précieuse, traits d'esprit cinglants, l'ancien maoïste y tient le rôle du psy de service, gauchiste mondain et sniper de plateau. Il offre à l'émission quelques séquences d'anthologie, en faisant pleurer Christine Boutin ou en s'écharpant en direct avec Jean Montaldo, ancien journaliste à l'hebdomadaire d'extrême droite *Minute*. « Gérard est grand, et nous sommes indignes d'être son prophète », écrit quatre jours plus tard Luc Rosensweig dans *Le Monde*, le 13 janvier 2001, dans un billet intitulé « Gérard est grand ». Un an auparavant, le psychanalyste s'était déjà illustré chez Michel Drucker dans *Vivement dimanche* (ce dernier n'a pas répondu à nos demandes d'interview), en offrant la fiche de paie d'un smicard au millionnaire Jean-Marie Messier. D'abord diffusée un mardi sur deux en seconde partie de soirée, *On a tout essayé* passe à une exposition quotidienne, en *access prime-time* du lundi au samedi, et enchaîne bientôt les cartons d'audience : au plus fort de son succès, elle réunit 3 à 3,5 millions de téléspectateurs.

Le fan-club de Gérard

Soirée après soirée, les familles se rassemblent donc dans leur salon pour regarder ces chroniqueurs rire ou s'engueuler, assistent au dernier clash dont elles parleront le lendemain à la machine à café ou dans les couloirs du lycée.

À l'époque, le père de Mathilde, 19 ans, est particulièrement fan de Gérard Miller, qu'il trouve pertinent et percutant. Le 9 mars 2004, elle est dans le public de *On a tout essayé*. Sur les images de l'émission que nous avons retrouvées, elle a les cheveux courts, une dégaine d'ado en jean large et baskets. Elle veut faire une surprise à son père, et lui rapporter un autographe du célèbre chroniqueur. À la fin de l'enregistrement, elle va lui parler, accompagnée d'une amie. Non seulement Gérard Miller signe l'autographe pour son père, mais il invite les jeunes filles à le rejoindre ce même soir au Palais des glaces, où se joue la pièce *Commandeur et Goude*, qu'il a mise en scène avec l'humoriste Jérôme Commandeur.

Vingt ans plus tard, Mathilde se souvient encore de la façon dont il les a interpellées à leur arrivée : « Il était en haut d'un escalier, et nous, en bas, avec tous les spectateurs qui attendaient pour la pièce. Il a crié : "Ça va ? Vous avez trouvé facilement ?" et tout le monde nous a regardées, l'air étonné qu'on puisse le connaître. Je me disais que c'était fou, ce qui m'arrivait. » Après le spectacle, la jeune femme est dans le même état d'euphorie lorsqu'elle accepte d'aller prendre un verre chez lui, à son hôtel particulier, toujours accompagnée de son amie. À l'étage, dans une chambre, allongées sur des lits jumeaux, elles auraient accepté de se prêter à « un jeu qu'il fait souvent avec ses patients », en fait, une séance d'hypnose. « Je le trouvais vieux et moche, se rappelle Mathilde, mais j'étais en totale confiance. Il avait l'âge de mon père, et puis c'était un psychanalyste. Je me disais que c'était une aventure, que c'était un mec de la télé hyper-connu, c'est comme si j'étais l'élue. » Mathilde dit avoir subi des attouchements et un viol ce soir-là. Elle a déposé plainte peu après la sortie de notre première enquête, en janvier 2024.

Psychanalyste et chroniqueur star dans une émission populaire, Gérard Miller semble avoir profité de cette double aura pour capter l'attention des jeunes filles, nombreuses, qui tous les soirs garnissent les bancs du public de l'émission, à quelques mètres de la table des chroniqueurs.

« Il faisait son marché dans le public » (une technicienne)

Agathe décrit très précisément la façon dont le médiatique psychanalyste l'aurait ciblée dans le public. Au début de l'été 2005, elle a 21 ans et suit des études de kiné lorsqu'elle se rend avec une amie à l'enregistrement de *On a tout essayé* au Moulin-Rouge. Sur les photos prises le jour même et qu'elle a conservées, elle ressemble à une jeune Britney Spears, coiffée d'un chapeau noir de *cow-girl*. Les deux copines sont placées au premier rang. « On l'a vu rôder dans le public, comme s'il cherchait sur qui il pouvait tomber, se rappelle Agathe. Et puis, il nous a vues, et il a foncé sur nous comme un aigle. Dès qu'il y avait une pause, il venait nous voir, on sentait qu'il voulait nous impressionner. Laurent Ruquier le voyait faire, et disait en rigolant : “Gérard, calme-toi !” » Le chroniqueur leur fait visiter les loges, obtient leur numéro de téléphone, et leur propose de venir le lendemain assister à une émission de radio dans laquelle il intervient. Agathe s'y rend seule. Alors qu'elle s'éclipse à la fin de l'enregistrement, le chroniqueur lui court après... et tombe sur le père de l'étudiante, venu l'attendre à la sortie. « Il lui a serré la main et il n'a pas insisté, nous dit Agathe aujourd'hui. Par la suite, il m'a appelée sans arrêt. Il me disait : “Tu as peur de venir chez moi, hein ? Mais tu sais, je ne vais rien te faire !” »

Tout au long de notre enquête, un questionnement ne quitte pas notre esprit : est-il possible que personne, sur les plateaux de télévision, n'ait repéré son manège pratiqué de manière quasi industrielle ? Cette même scène, répétée si souvent, pouvait-elle passer inaperçue aux yeux des autres chroniqueurs, des équipes techniques, de la production, et des dizaines de personnes présentes chaque jour pour assurer le bon déroulement de l'émission ?

Dorothée* est la première à nous éclairer. Technicienne lumière sur les émissions de Laurent Ruquier, elle a travaillé sur toutes les saisons de *On a tout essayé*. Son témoignage est d'abord personnel. Elle était à l'époque en tout début de carrière, âgée de 16 ou 17 ans, et affirme avoir vécu une forme de harcèlement de la part du célèbre psychanalyste, alors quinquagénaire : « Tous les jours, à chaque fin de tournage, il venait me voir pour me draguer, m'inviter à boire un verre, me proposer qu'on se voie en dehors. À chaque fois je disais non, mais il revenait à la charge. À la fin, je me cachais ou je partais avant la fin du tournage. Quand ils le voyaient arriver, les autres membres de l'équipe disaient : "Ah tiens, voilà le crevard !" » Mais surtout, la jeune femme assure avoir assisté, jour après jour, aux séances de repérage de Gérard Miller dans l'auditoire. « Il arrivait toujours un peu avant les autres chroniqueurs, nous confie-t-elle, et il faisait son marché dans le public. Il allait toujours vers de très jeunes filles, et je le voyais repartir avec des petits bouts de papier. J'imagine qu'il prenait leurs numéros de téléphone. Je peux vous assurer que tout le monde le voyait. »

Dans l'armée des petites mains, à la technique, à la production, d'autres ont fait le même constat que Dorothée. Thierry*, documentaliste sur l'émission, nous rapporte comment Gérard Miller profitait des pauses pour flâner dans les bancs du public : « On le regardait, et on disait avec la prod' : "Ah tiens, il va encore faire son marché." C'était un manège malsain qui nous mettait mal à l'aise. Après, il allait souvent s'enfermer dans sa loge avec elles, et on se demandait s'il leur faisait le coup de l'hypnose », assure Thierry. Le chroniqueur, à l'époque, ne cache pas son intérêt pour cette pratique, et va faire à longueur d'émission la promotion de son livre *Hypnose, mode d'emploi*[1], sorti en 2002, en racontant combien il est facile par exemple de paralyser le bras de quelqu'un sous hypnose, ou de lui donner la sensation de voler.

Un chroniqueur de l'époque nous décrit aussi que les techniciens, après avoir équipé Gérard Miller d'un micro-cravate avant l'émission, laissaient le dispositif allumé, et l'écoutaient depuis la régie aborder les jolies jeunes filles, en commençant toujours par sa question rituelle : « Tu as quel âge ? ». « On se foutait tous de sa gueule, sourit un ingénieur du son. Parce qu'on trouvait ça... naze, en fait. Le torse bombé, les épaules en arrière, c'était le coq, quoi. Jamais on n'aurait imaginé que ça puisse aller plus loin. Son attitude était ridicule, ça faisait vraiment dragouille à deux balles. » Gérard Miller, un don juan un peu ridicule, trop caricatural pour être véritablement dangereux, à entendre les témoins de l'époque. « Vous voyez le personnage de Michel Blanc dans *Les Bronzés* ? nous lance Aline*, ancienne chargée de production sur l'émission *On a tout essayé*. Miller ressemblait à ce type pas viril pour un sou, asexué... Personne ne pouvait imaginer ce qui se passait. »

À l'époque, ces scènes n'inspirent donc rien d'autre que des rires sous cape et des remarques ironiques.

1. *Op. cit.*

Pourtant, Aline se rappelle une anecdote rapportée alors par une amie de lycée. L'une de leurs camarades de classe avait eu pour premier amant... Gérard Miller, qu'elle avait rencontré en accompagnant son père à une émission de radio. Avec le recul, ce souvenir la trouble. Les assistantes de production se rappellent également la plaisanterie préférée de leurs rédacteurs en chef (qui n'ont pas donné suite à nos demandes d'interview) à propos de Gérard Miller, né en 1948 : « Oh toi, tu as 22 ans, leur disaient-ils, tu es beaucoup trop vieille pour lui ! »

La blague, récurrente, n'a pas vraiment surpris Amandine*, en poste au début des années 2000 : sa propre petite sœur lui a raconté à l'époque avoir été abordée par le psychanalyste, avec une amie, dans le public de l'émission de radio *Rien à cirer* sur France Inter, sans donner suite à ses invitations. « Je n'étais qu'une gamine à l'époque, analyse Amandine. Jamais je n'aurais pensé qu'il puisse agresser quelqu'un. Mais c'est vrai que quand l'enquête est sortie, je n'ai pas été étonnée. »

Adèle* non plus n'a pas été particulièrement surprise. Assistante de production entre 2005 et 2008, elle aussi a souvent entendu la blague sur son âge et le fait qu'à 22 ans, elle était trop « vieille » pour Miller. Ce dernier l'a pourtant invitée, un soir, à aller voir un spectacle au Cirque d'hiver, avant de la ramener chez lui, où il aurait tenté de l'embrasser. « Aujourd'hui, mon regard a changé, nous dit-elle. Je me rends bien compte que je n'aurais pas dû y aller. L'écart d'âge était trop important, et il voyait que j'étais en position de faiblesse. Et puis, il y avait toutes ces filles qui l'accompagnaient, des gamines toutes plus jeunes les unes que les autres. Je ne peux pas croire que Laurent Ruquier ne savait pas. » « Franchement, pendant huit ans, ça a été tous les jours la même chose, c'est impossible qu'il ne l'ait pas vu », renchérit Thierry, l'ancien documentaliste. L'animateur nous a répondu par texto le 8 février 2024 : « je comprends votre insistance, mais je ne répondrai à aucune question, si ce n'est de la police, si besoin était. Mais je vous garantis que je n'ai rien vu de quoi que ce soit que l'on puisse imaginer de répréhensible sur mon plateau. »

Complaisants chroniqueurs ?

Les techniciens n'avaient donc rien manqué du manège de Gérard Miller, mais quid de ses potes de plateau ? Ont-ils été trompés par leur bon camarade ? Ou ont-ils fait preuve d'une complaisance complice ? Nombre d'anciens chroniqueurs, dont Laurent Ruquier, n'ont pas donné suite à nos demandes d'interview. Les autres assurent de bonne foi n'avoir rien vu, enfin, pas tout à fait...

Bruno Masure, qui a officié à ses côtés dans l'émission *Vivement dimanche*, se souvient que Miller ne pouvait pas croiser une jolie fille sans « lui faire les yeux doux, la complimenter, lui demander son téléphone. Mais c'était tellement caricatural que ça en devenait drôle. Bien sûr qu'on en rigolait ». L'une des victimes présumées, Stéphanie, accostée le 10 novembre 1997 par Gérard Miller lors de l'émission de radio *Rien à cirer*, nous a d'ailleurs décrit le même Bruno Masure passant à côté d'elle ce jour-là, une sacoche à la main, les regardant, elle et son amie, aux côtés de son compagnon de plateau, et lui lançant, hilare : « Alors Gérard, tu as encore ramené tes petites-cousines ? » Ce que l'ancien présentateur du 20 heures ignore alors, c'est que quelques heures plus tard, après un repas dans un restaurant chinois où il les questionne sur « le mode de vie de la jeunesse », les deux jeunes femmes de 19 ans (qui ont toutes les deux témoigné) auraient suivi le psychanalyste chez lui, participé à une séance d'hypnose, et se seraient retrouvées allongées au sol, tee-shirt relevé au-dessus de la poitrine, le quinquagénaire agenouillé entre elles, touchant leur corps. Il les aurait rappelées pendant des mois pour les inviter à des soirées parisiennes « avec des gens de la télé ».

Aude, qui a déposé plainte pour viol contre Gérard Miller, se souvient ainsi d'un brunch partagé avec le chroniqueur et son ami Laurent Ruquier quelques heures avant les faits. L'animateur ne pose alors aucune question à cette mineure de 17 ans sur les raisons de sa présence. « Il m'a simplement demandé d'où je venais, j'ai dit de Cergy-Pontoise », se souvient-elle. Laurent Ruquier, lui, n'a gardé aucun souvenir de la lycéenne : « Comment pourrais-je me rappeler avec qui j'aurais pu bruncher en 2001 ? Je ne souhaite pas répondre à ce genre de question », nous a-t-il répondu par texto.

Isabelle Mergault, pilier de la bande, a accepté, elle, de nous répondre. « Je n'ai jamais rien vu ! nous jure-t-elle au téléphone. Et pourtant, Dieu sait que j'en ai fait, des émissions avec lui ! Enfin, il y avait quand même Isabelle Alonso avec nous, une féministe pure et dure, et aussi Christine Bravo, une grande gueule, des caractères forts... vous ne pensez pas que si on l'avait vu foncer sur des femmes, on aurait dit quelque chose ? »

Justement. L'une de celles qui nous ont contactées se souvient très bien de ces mots lancés par Christine Bravo, amusée, en la voyant parler à Gérard Miller au pied de la Maison de la radio : « Faites attention, il aime bien ça, les jeunes filles ! » Ce jour-là, le 12 janvier 1999, Camille*, alors âgée de 21 ans, a abordé le psychanalyste lors d'une émission de Laurent Ruquier sur France Inter, parce qu'elle préparait une maîtrise d'histoire sur la Gauche prolétarienne et Mai 1968. Elle accepte ensuite de le suivre chez lui, dans sa grande maison bourgeoise du 11e arrondissement, où elle dit avoir subi un « assaut » dont elle a réussi à s'échapper. Comment interpréter les mots de l'ancienne présentatrice de *Frou-Frou* (première émission française entièrement présentée par des femmes) ? Malgré nos multiples appels et messages, Christine Bravo n'a pas donné suite à nos sollicitations.

Aucun des anciens chroniqueurs de l'époque ne semble donc avoir eu la moindre inquiétude quant au comportement de Gérard Miller, à tel point que l'un d'eux en a fait les frais, avec sa propre fille, lycéenne. Muriel Sachs, la fille du metteur en scène Alain Sachs, également chroniqueur dans les émissions de Laurent Ruquier, nous confie avoir passé un pénible après-midi avec le psychanalyste dans le courant de l'année 2003. À l'époque, Muriel a l'habitude d'accompagner son père, notamment le mercredi après-midi, sur les plateaux des émissions dans lesquelles il intervient. Un jour, tandis qu'ils retournent en loge après une émission, la jeune fille, en terminale, dit à son père qu'elle aimerait revenir la semaine suivante. Mais ce dernier n'est pas disponible. Miller, qui assiste à la conversation, se propose alors spontanément d'accompagner la jeune fille à la prochaine émission. Quelque chose gêne Muriel, sans qu'elle sache exactement quoi : « J'ai dit à mon père : "Mais qu'est-ce qu'il me veut, ton pote ?" Il m'a répondu que c'était quelqu'un qui s'intéressait à la jeunesse. »

Le jour J, elle rejoint le chroniqueur, qui l'invite d'abord à déjeuner, avant l'émission en tête à tête au restaurant. « J'étais mal à l'aise », se rappelle-t-elle. Après l'enregistrement, le quinquagénaire lance à la lycéenne qu'il va l'emmener « prendre un goûter », et la conduit à moto chez lui. Il lui aurait déroulé ensuite le scénario vécu par nombre d'autres jeunes femmes : visite du cabinet de psy, de la salle au sous-sol avec le home cinéma et un bar, puis la fameuse pièce japonisante à l'étage, avec tatami au sol et lumière rouge. Muriel est invitée à enlever ses chaussures et à s'allonger, tandis que l'ami de son père met de la musique. « Je savais que ça n'était pas normal, mais je ne savais pas comment arrêter le truc », analyse la quadragénaire vingt ans plus tard. Lors de la séance de relaxation ou d'hypnose, alors qu'elle se sent de plus en plus vaseuse, elle raconte que Miller lui déboutonne son pantalon, enlève son tee-shirt, dégrafe son soutien-gorge. « Tout d'un coup je me suis retournée, il était torse nu, le pantalon ouvert. J'ai dit : “Si mon père voyait ça”, et je l'ai vu blêmir, nous raconte Muriel. Je suis partie en courant, je me souviens que j'ai terminé de me rhabiller sur le trottoir ! »

Elle en a parlé à son père il y a trois ans seulement. Alain Sachs, qui avait gardé le silence à la demande expresse de sa fille, n'en revient toujours pas aujourd'hui : « Pour moi, c'était un copain, j'étais parti en vacances avec lui, avec la bande de Ruquier ! Bien sûr que je savais qu'il aimait les jeunes femmes, mais il était inimaginable qu'il puisse se passer quoi que ce soit. Il y a trois trucs dingues dans cette histoire : le fait qu'il s'en prenne à une lycéenne, à la fille d'un ami, et en usant du pouvoir fou qu'il avait sur les gens, en tant que psy, et en tant qu'homme de conviction », analyse aujourd'hui le metteur en scène.

« Moi aussi, je suis tombée de l'armoire, nous explique Laure Adler qui a été la première à le recevoir dans *Panorama*, émission de radio de France Culture, en 1974, et qui a longtemps été une proche. Est-ce que j'ai été naïve ou est-ce que pendant des années, quand je le fréquentais, il n'a pas eu ce comportement ? À l'époque, je ne voyais que son intelligence. Aujourd'hui, je vois cela comme l'histoire de "l'arroseur arrosé". En dépit de cette grande intelligence, en dépit de sa maîtrise de la psychanalyse, il n'a pas su exorciser ses propres démons, son propre mal, au contraire. »

Alonso, la Chienne de garde, n'a rien vu

Nous ne l'avons pas lâchée. Isabelle Alonso a passé de longs mois en Espagne, et n'avait pas tellement envie de s'épancher. Après l'explosion de l'affaire dans les médias, tout le monde lui est tombé dessus. Qu'avait-elle vu, elle, la Chienne de garde, la féministe de la première heure, toujours prompte à dézinguer les machistes qui pullulaient alors dans les rédactions et sur les plateaux télé ? Assise face à nous dans ce café parisien où elle a finalement accepté de nous rencontrer, elle égraine, atterrée, les insultes reçues sur les réseaux sociaux depuis nos révélations : « féministe en carton », « pseudo-féministe », « passe-plat consentante de l'infamie », « proche d'un délinquant sexuel », « l'amie de la crevure ». Mais elle nous le répète, malgré sa lassitude : non, elle n'a rien vu et pourtant, Dieu sait qu'elle fut vigilante, prête à sauter à la gorge du moindre chroniqueur qui aurait eu une remarque déplacée, comme l'humoriste Franck Dubosc qui criait : « Gourmande ! » dès qu'une femme prenait la parole. Dans ces moments-là, elle l'assure, Gérard Miller venait à son secours : « Mais arrêtez, elle a raison, Isabelle. »

« Un jour, dans un cocktail à la con à Saint-Germain-des-Prés, un animateur radio détestable s'en est pris à Tristane Banon, je me suis interposée et lui ai dit : « Casse-toi », se rappelle Isabelle Alonso.

Je me suis confrontée aussi à Doc Gynéco, je lui ai dit : « Ta gueule. » Quand j'estimais qu'une fille était mise en difficulté par un mec, j'intervenais. Mais concernant Gérard Miller, je n'ai jamais rien vu, ce n'est pas une excuse, c'est un constat. Sinon, j'aurais réagi. » Son ex-camarade de plateau l'a appelée, juste avant la parution de notre premier article, puis ils ont coupé tout contact. Elle se souvient de ses prises de position féministes dans les émissions de télévision, de ses paroles sur la révolution #MeToo, preuve, selon elle, « de sa totale duplicité, sa perversité, et peut-être même de sa capacité à s'auto-convaincre qu'il n'a jamais forcé personne à rien. Aujourd'hui, je me sens trahie. Quand on a nos idées, des idées de gauche, radicales, qu'on veut changer la société, il y a des choses qu'on ne fait pas. C'est une question de droiture intellectuelle. Si je voyais Gérard aujourd'hui, je lui dirais : tu as trahi beaucoup de gens, et tu m'as trahie, moi ».

3

Les Miller, stars de la psychanalyse et de Paris-8

« À la fac, c'était une star,
être si proche de Lacan, c'était le Graal. »

Une étudiante de la fac de Paris-8

« Je vous ramène à moto ? »

En 2008, Ariane* étudie à Paris-8. Elle a 20 ans, elle est en première année. Dans son cursus, elle a choisi pour un semestre un cours de psychanalyse sur l'interprétation des rêves, en lien avec le célèbre ouvrage de Freud. Son professeur est alors une petite célébrité au sein de la faculté. Elle en garde un souvenir amer. « Gérard Miller nous demandait régulièrement des devoirs écrits et en l'occurrence de raconter l'un de nos rêves et d'en faire l'analyse. C'était très intrusif. À la fin du cours, une fois la salle vidée, il convoquait régulièrement deux ou trois étudiantes pour parler de leur devoir. J'avais bien noté que c'était toujours aux femmes qu'il s'adressait. J'ai eu droit moi aussi à ce tête-à-tête, avec ses sous-entendus graveleux et ses sourires en coin. Et puis, il a fini par me dire : "Ah, j'ai vu que vous habitiez le 11e, si vous voulez, je vous ramène à moto." Il avait dû consulter mon dossier d'inscription, il m'a proposé ça plusieurs fois. C'est devenu assez lourd et j'avais bien conscience que c'était une technique déjà éprouvée. »

Si les plateaux télé semblent avoir été le « terrain de chasse » privilégié de Gérard Miller, un autre cadre lui aurait permis de piéger de très jeunes femmes sur lesquelles il exerçait un ascendant d'ordre pédagogique. Cette prédation aurait eu pour décor l'enceinte d'une université parisienne, à quelques encablures du périphérique. Nous sommes à Saint-Denis, ville du 93 qui accueille sur ses terres la faculté de Paris-8, héritière du Centre universitaire de Vincennes. Ce temple de la pensée critique a été fondé dans le sillage de Mai 68 par l'avant-garde intellectuelle de gauche – Michel Foucault, Alain Badiou, Gilles Deleuze, Henri Weber. Après avoir déménagé au nord de Paris en 1980, Paris-8 a pris l'allure d'un immense campus. C'est dans cette institution, que Gérard Miller enseigne dès 1972, puis devient directeur du département de psychanalyse dans le sillage de son frère aîné, Jacques-Alain Miller (ce dernier, gendre de Jacques Lacan, avait pris la direction du département de psychanalyse à Vincennes dès 1974 sous l'égide de son beau-père). Pendant cinq décennies, Gérard Miller y a dispensé des cours, animé une équipe d'une quinzaine de professeurs, traité les affaires administratives. Des centaines d'élèves, majoritairement des femmes, ont suivi son enseignement. Parmi eux – comme en attestent des fichiers d'étudiants que nous avons pu consulter –, beaucoup d'étrangers venus d'Amérique latine où la psychanalyse exerce depuis longtemps un puissant attrait, des adultes en reconversion professionnelle, des analysés cherchant un cadre théorique pour passer de l'autre côté du divan et des jeunes étudiants avides de se former aux mystères de l'inconscient.

Autre scène, sans projecteurs ni caméras, et autre audience conquise. Car le charismatique professeur est une petite attraction dans ce temple du savoir. Sa surface médiatique glamour y contribue – tous les profs de cette faculté orientée à gauche n'ont pas leur rond de serviette sur les plateaux télé en *access prime-time* ! –, de même que sa proximité avec le clan Lacan. Les ingrédients sont donc réunis pour que Gérard Miller puisse s'adonner sans difficulté à la traque que ses anciennes élèves dénoncent.

Des étudiantes prises au piège

Au cours de notre enquête, une dizaine d'anciennes étudiantes de cette université affirment avoir été victimes d'agressions sexuelles ou de comportements déplacés de la part du psychanalyste. Toutes ont le plus souvent été approchées en marge des cours. Impressionnées et mises en confiance, ces très jeunes femmes n'ont pas hésité à suivre chez lui ce professeur haut en couleur et fort en gueule portant des cols Mao, et dont la sonnerie de téléphone entonnait crânement les notes de l'*Internationale* d'après certains récits.

Au fil des témoignages se dessine une technique d'approche en apparence anodine : Gérard Miller aurait demandé le plus souvent aux étudiantes de l'attendre à la fin du cours pour « discuter » d'un point évoqué en classe ou d'un devoir. Une approche à pas de loup insoupçonnable et même valorisante pour ces jeunes pousses soucieuses de plaire à cet universitaire au clinquant CV. C'est ainsi que Florence a suivi le professeur à son domicile alors qu'elle était étudiante en 1992. Suite à une démonstration d'hypnose en cours, Gérard Miller l'aurait interpellée : « Vous êtes un sujet très intéressant. J'aimerais bien pousser avec vous. Venez à mon cabinet. » Heureuse d'avoir été « choisie », la jeune femme de 20 ans s'y rend. Elle décrit ensuite une séance d'hypnose au rez-de-chaussée de sa maison – « avec des histoires de rivière, de cailloux » –, un état second, un réveil avec la main du psy sur sa poitrine, et sa bouche à quelques centimètres de la sienne. « Il m'a dit : “J'ai envie de t'embrasser.” » La jeune femme s'enfuit et appelle, sonnée, sa mère qui vit à Toulon. Cette dernière se rappelle très bien leur discussion : « Elle avait eu très peur, j'ai tout de suite compris qu'elle avait été agressée. » Cette orthophoniste qui a longtemps travaillé en pédopsychiatrie décide alors d'écrire à Gérard Miller. « Je lui ai signifié qu'il avait abusé de sa position d'autorité en tant que prof et que psy. Comment pouvait-il aider les autres à cheminer, lui qui semblait si peu avancé dans son cheminement personnel ? Il ne m'a jamais répondu mais pendant des mois, j'ai eu peur de sa réaction. »

Marion*, elle, se serait retrouvée prise dans la toile du psychanalyste alors qu'elle suivait son cours en 2002-2003 en parallèle de sa licence de lettres modernes comme le montre l'attestation de résultats qu'elle a conservée. « On était une quarantaine dans un petit amphi, cela facilitait les échanges, se souvient-elle. Il avait demandé à me parler à la fin du cours, il avait trouvé intéressante une de mes remarques sur la guerre en Irak qui était dans l'actualité. J'étais flattée. Il m'a ensuite proposé d'aller chez lui avec une copine, pour discuter plus amplement. On est arrivées dans son hôtel particulier ; il nous a servi des verres, un soft pour elle, du vin de noix pour moi, nous a montré sa collection de CD puis nous a menées dans une chambre pour un jeu d'hypnose. C'est là que ça a dérapé : il a mis ses bras au-dessus de nos épaules et a commencé à descendre sa main vers ma poitrine. J'étais sous le choc, c'était mon prof ! Je l'ai repoussé, il nous a proposé de l'accompagner à une soirée dans le bar de Mouss Diouf mais on s'est enfuies. »

Judith*, elle-même psychanalyste aujourd'hui, suit, elle, son cours d'introduction à la psychanalyse en 2000. Elle a 22 ans mais fait très jeune et n'a presque aucune expérience amoureuse. « Dès les premiers cours, il m'a fait une remarque déplacée sur mon physique devant tout le monde, il m'a appelée “la jolie blonde au visage angélique”. Ça m'a beaucoup gênée. Il avait cette particularité qu'à la fin, il serrait la main de tous les étudiants. Au bout du troisième cours, il m'avait arrêtée et interrogée sur mon parcours. Il semblait sincèrement concerné, m'a dit qu'il pourrait m'aider à remplir mon dossier d'admission pour faire psycho à Paris-7 et m'a proposé de venir chez lui, un dimanche à 20 heures. » Judith se souvient d'un homme ne parlant que de lui – « J'ai senti que mon dossier n'était pas vraiment le sujet de ce rendez-vous » –, d'un test d'hypnose, d'une main sur le ventre dont elle se dégage. « Il m'a ensuite proposé de la vodka, j'ai refusé. Une fois assis sur un canapé, il a tenté de m'approcher, de mettre sa main sur ma cuisse, comme je le repoussais, il m'a lancé : « Ne fais pas ta vierge effarouchée ! » puis il s'est mis à genoux devant moi et m'a suppliée : « s'il te plaît, passe la nuit avec moi. » J'ai pris mes jambes à mon cou, il a essayé de m'embrasser dans le couloir. Je n'ai plus jamais assisté à son cours. »

Pour Zahoua et sa copine, la séance d'hypnose aurait eu lieu dans les locaux de l'École de la cause freudienne (ECF). Zahoua se rappelle le prétexte invoqué : emprunter des livres pour approfondir le cours. Mais très vite, les deux jeunes étudiantes se retrouvent allongées sur le sol poussiéreux pour une séance d'hypnose. Entre deux paroles doucereuses, il leur aurait subitement saisi la poitrine sous leurs vêtements ; sidérées et honteuses, les deux amies osent à peine évoquer le sujet. Quelques jours plus tard, il les retrouve dans le fast food où elles travaillent pour financer leurs études. « Il nous a proposé d'être notre amant en dévorant un cheeseburger dégueulasse, il nous voulait toutes les deux dans son lit, pas comme un petit ami, nous a-t-il précisé. Il avait un scénario dans sa tête, ça se voyait à ses yeux qu'il voulait jouer sexuellement avec nous. »

Anastasia*, étudiante à Paris-8, affirme avoir été invitée au restaurant par le professeur en 2003 près de Bastille pour évoquer un devoir sur *Lolita* pour lequel elle souhaite l'interviewer. Elle se rappelle avoir bu à table, s'être rendue chez lui, puis après un trou noir, s'être réveillée à moitié déshabillée dans son lit à côté de Miller, torse nu.

Sa copine de fac Romane* se serait aussi rendue chez lui en 2003 dans le cadre d'un travail universitaire pour lequel elle demande une interview. Au téléphone, elle nous raconte, en larmes, comment elle s'est retrouvée, au cours d'une séance d'hypnose, nue sous un kimono, avec les doigts du psy prêts à la pénétrer. Cette dernière a porté plainte pour viol suite à la parution de notre enquête dans *Elle*. (Gérard Miller reste présumé innocent)

Amphis et drague lourdingue

Comment des agissements potentiellement si graves, dénoncés aujourd'hui par d'anciennes étudiantes, ont-ils pu passer sous les radars toutes ces années ? Une chose est certaine : de nombreux élèves de Gérard Miller retrouvés au cours de notre enquête témoignent d'une ambiance sexualisée, de propos déplacés et d'un manège bien rodé pour attirer les jeunes filles dans ses filets en plein amphi. Dorian se souvient ainsi « de ce prof un peu coq qui contait fleurette aux étudiantes à la fin du cours » et qui semblait bien moins pressé de s'adresser aux garçons qui le sollicitaient. « Un jour, il nous a expliqué qu'il y avait une validation écrite et il a eu cette phrase : “Si vous êtes une jolie jeune femme, il y a une autre validation que l’écrit.” Ce sous-entendu très limite a jeté un froid dans la salle. »

Myriam*, elle, se remémore une mise en garde dès le premier cours auquel elle assiste : « Deux étudiantes m’ont dit : “Fais gaffe, c’est un dragueur, ne te retrouve pas seule avec lui.” » Une autre raconte également un moment dérangeant : « Lors d’un cours, il avait ramené en classe trois mannequins qui faisaient partie d’un *girls band*, Les Models. Il avait dû le faire pour les épater. » Un mélange des genres incongru que confirment trois anciennes membres du groupe, le psy avait abordé l’une des tops en marge d’une émission. Selon leurs récits, deux d’entre elles auraient même été invitées à son domicile pour une séance d’hypnose, sans que la situation ne dérape.

Sophia*, étudiante à Paris-8 en 1997, dit avoir entretenu une liaison consentie pendant plusieurs mois avec son prof Gérard Miller, 45 ans, alors qu’elle en avait 19. L’approche est toujours la même : « Il m’a alpaguée à la fin du cours, m’a demandé : “Vous êtes dans quel quartier ? Je passe par là, je vous raccompagne comme ça, on prolonge notre discussion.” Dans la voiture, il me plante le décor de sa vie, me dit qu’il est en train de divorcer. Il crée une proximité. Il m’a ensuite proposé de passer chez lui. On a couché ensemble pendant quelques mois. Je me suis toujours dit que son approche avec moi n'avait pas la maladresse d'un coup d'essai, c'était bien rodé. D'ailleurs, quelques mois plus tard, j'ai vu pendant le cours qu'il s'intéressait à une autre étudiante, très belle. Quand je lui en ai parlé, il m'a répondu : "J'ai déjà essayé de lui parler, mais je pense qu'elle est intouchable." »

Plusieurs anciennes de Paris-8 confirment également que la réputation de Gérard Miller était connue de certains cercles d'étudiantes syndiquées. « On en parlait entre copines, on se disait qu'il en choisissait une chaque année, confirme Marie, étudiante de 2001 à 2003 à Paris-8 et amie de Marion* qui dénonce une agression. Pour autant, on ne l'a signalé à aucun adulte, encore moins à la police. Ce n'était pas dans nos mœurs à l'époque. On arrivait du lycée, on découvrait un nouvel endroit dans lequel on était quand même beaucoup livrées à nous-mêmes. En fait, même en étant engagées dans des syndicats étudiants, même en étant féministes et au fait de ces questions, on est restées dans le brouillard vraiment longtemps. On voyait ça comme de jeunes intellectuelles choisies par ce prof. Quand votre enquête est sortie, ça a été une déflagration pour moi : pourquoi on a subi tout ça, pourquoi on s'est laissé faire, pourquoi on a mis si longtemps à comprendre de quoi il s'agissait ? »

Jeanne, une autre étudiante au début des années 2000 abonde : « Il faut comprendre qu'à l'époque, on a croisé plusieurs professeurs d'université qui faisaient des trucs dégueulasses. Moi, j'ai été dans d'autres universités et certains chargés de TD faisaient du chantage sexuel pour les notes. À Paris-8 soufflait le vent de 68 ; il y avait une forme d'horizontalité entre élèves et professeurs qui se retrouvaient au même niveau. Ça ressemblait un peu à un lycée autogéré où les profs pouvaient aller et venir avec des étudiants en mode potes. Mais cette apparente liberté a fait le lit de nombreux abus. »

« Il avait une réputation de dragueur très banalisée »

Des collègues du psychanalyste que nous avons pu interroger semblent également n'avoir rien remarqué à l'époque. Lucette Colin, directrice entre 1999 et 2005 de l'UFR de sciences de l'éducation dont dépendait le département de psychanalyse, n'a, pour sa part, aucun souvenir d'un éventuel signalement : « Oui, il avait bien une réputation de dragueur très banalisée ; et ça passait d'autant plus que les étudiantes étaient majeures, on partait du principe qu'elles pouvaient se prendre en main toutes seules. Si on m'avait dit qu'il en ramenait certaines le soir en voiture, est-ce que je me serais inquiétée ? Peut-être que non car il y avait aussi dans cette université gauchiste une ambiance assez souple ; ma propre voiture était pleine de jeunes que je ramenais régulièrement de la fac. Et puis ce n'était pas le seul à avoir ce genre de réputation d'"homme à femmes" parmi les profs. Avec le recul, je prends conscience du couvercle qui pesait sur ces questions et de notre incapacité à s'interroger. Il y avait à Paris-8 une ambiance très conviviale, cela noyait ces comportements qui paraîtraient aujourd'hui complètement déplacés. »

Parmi les autres directeurs de l'UFR, ni Patrick Rayou, ni Christophe Bonnery ne se souviennent non plus d'un quelconque signalement à ce sujet et affirment n'avoir jamais soupçonné les agissements de Gérard Miller. « La fac est immense, on se croise à peine entre professeurs des différents départements et Gérard Miller était par ailleurs très peu présent », tient à préciser Christophe Bonnery en rappelant la charge de travail, par ailleurs colossale, des directeurs de département en raison de la pénurie de moyens dans les universités françaises. Là encore, comme sur les plateaux de télé, Gérard Miller semble avoir bénéficié d'un aveuglement collectif : la « drague lourde », les comportements hors cadre et les relations entre professeur et étudiantes étaient monnaie courante et tolérés, la parole des jeunes femmes, inaudible, la prévention des violences sexistes et sexuelles, inexistante.

Le silence embarrassé de Paris-8

Rien vu, rien entendu... L'université n'aurait donc aucune responsabilité dans cette affaire ? Et rien à dire à ce sujet ? Suite à nos révélations dans le magazine *Elle* entre février et mars 2024 faisant déjà état de plusieurs témoignages d'étudiantes de Paris-8, la faculté a brillé par son silence. Gérard Miller est alors à la retraite de ses fonctions de professeur et de directeur de l'UFR de psychanalyse depuis plusieurs années. Une raison suffisante, semble-t-il, pour ne pas bouger une oreille et attendre que passe l'orage.

L'absence de communication de la direction de Paris-8 a pourtant choqué de nombreux membres, plus jeunes, du corps professoral, comme Clara Biermann, adhérente de Sud Éducation 93, syndicat de gauche à la pointe sur les questions de sexisme et de violences sexuelles. « En découvrant les articles dans *Elle* en février, je me rends compte qu'il y a des témoignages d'étudiantes et donc une “affaire Paris-8” dans l'affaire Miller. Je mène une petite enquête auprès de mes collègues ou connaissances qui, comme moi, ont étudié dans cette fac, et je trouve rapidement l'existence d'une nouvelle victime (Marion*) parmi les anciennes étudiantes. Je comprends, sous le choc, que tout cela se serait passé dans les couloirs que je fréquente chaque jour et où Gérard Miller a officié pendant des dizaines d'années. »

Début mars 2024, face au mutisme de la direction, Clara Biermann convoque une réunion de son syndicat et propose la rédaction d'un communiqué envoyé à tous les personnels de Paris-8 pour interpeller la présidence de l'université. « On sait d'expérience que la direction a tendance à minimiser quand il s'agit de violences sexistes et sexuelles. Dans ce document, on rappelle donc que cette affaire concerne directement notre université, parce que Miller y a fait toute sa carrière, d'abord en sciences politiques, puis en psychanalyse. Cet avis fait état de notre préoccupation, et de notre solidarité avec les personnes qui prennent la parole. Surtout, nous nous y étonnons qu'aucune communication de l'université ne soit venue poser une position officielle sur le sujet, ni apporter son soutien aux victimes, ni proposer de recueillir les témoignages de celles ou ceux qui ne l'ont pas encore fait. Quels dispositifs sont prévus ? Y a-t-il eu des signalements sur les comportements problématiques de Gérard Miller ? Nous demandons des réponses. »

Il faudra patienter jusqu'au 19 mars pour découvrir enfin un communiqué dans lequel Paris-8 « tient à réaffirmer sa condamnation sans appel de toute forme de violence sexiste et sexuelle, son engagement à prévenir ces violences, sa mobilisation pour accueillir la parole des victimes ». La direction actuelle de Paris-8 n'a pas répondu à nos sollicitations sur l'affaire Miller. « C'est un texte très générique qui ne cite jamais Gérard Miller nommément », s'offusque Clara Biermann, qui sait à ce moment-là que la faculté a des choses à se reprocher. En effet, une personne au sein de l'université a fait déjà un signalement à propos du professeur de psychanalyse en 2014 et France Info s'apprête à publier cette information. Il s'agit d'Anne L., secrétaire du département de psychanalyse.

« Vous pratiquez des fellations ? »

En 2014, Anne L. est à bout de nerfs, elle demande à être reçue par la direction en raison de nombreux dysfonctionnements et d'une ambiance délétère, selon elle. Une réunion est organisée au mois de mai 2014 comme en atteste un échange de mails daté du 13 mai entre membres de l'administration que nous avons pu consulter (un autre membre de l'administration contacté par téléphone a confirmé l'existence de cette réunion). D'après le récit qu'elle en fait dix ans plus tard à la cellule d'écoute de Paris-8 (à la suite de nos révélations, Anne s'effondre. Des collègues inquiets ont prévenu l'administration qui a ouvert une enquête interne dans le cadre d'une suspicion de harcèlement moral), elle affirme se retrouver alors ce jour de mai 2014 face à Danielle Tartakowsky, la présidente de Paris-8, Catherine D., directrice générale de service aujourd'hui décédée, Maïté O., responsable des ressources humaines toujours en poste, Renaud S., adjoint à la direction générale du secrétariat. Sa supérieure directe, Nathalie M., responsable administrative et financière, est également présente.

Anne L. leur explique alors que plusieurs étudiantes, trois femmes d'une cinquantaine d'années, sont venues se plaindre auprès d'elle de remarques sexualisées que Gérard Miller aurait tenues auprès des étudiantes plus jeunes de son cours. Quand nous rencontrons Anne dans un café parisien au printemps 2024, elle se souvient avec émotion de leurs protestations : « Selon ces dames, lors de cours sur la vie sexuelle chez Lacan, il a demandé à plusieurs jeunes femmes si elles avaient déjà pratiqué des fellations, ce qui les a mises extrêmement mal à l'aise. J'ai aussi signalé à la direction qu'il ramenait souvent des étudiantes à la fin des cours. » À l'issue de la réunion qui a duré deux heures, une des membres de l'administration l'aurait alors prise à part dans une pièce. « Elle me dit : "Madame, on va faire une petite pause. Venez, je vous offre un café." Je m'en souviens comme si c'était hier. Elle a poursuivi : "Bon, entre vous et moi, tout ce que vous venez de me dire, ça n'a jamais existé, je n'ai envie de me retrouver ni dans un livre, ni dans une pièce de théâtre." Le sol s'est ouvert sous mes pieds. » Contactée par mail, Mme Tartakowsky nie l'existence de cette réunion et affirme n'avoir « jamais eu à connaître quoi que ce soit de relatif à de tels faits concernant M. Miller ». À France Info, en mars 2024[1], elle a pourtant déclaré se souvenir vaguement d'une conversation sur Gérard Miller, mais qui n'aurait pas eu de suites.

Ce jour de 2014, le choc pour Anne L. est immense. « J'ai tenté de vivre avec toute cette injustice : M. Miller dysfonctionne et est couvert et moi, je dois partir ? Comment accepter ? », déclare-t-elle à la cellule d'écoute (Peu après cette réunion, elle a demandé sa mutation dans un autre département de l'université). Car en plus du signalement de comportements inappropriés avec ses étudiantes, elle a rapporté à la direction de la faculté une longue série de dysfonctionnements d'ordre financier au sein du département de psychanalyse.

Petits arrangements avec les cours

En amont de la réunion qu'elle demande à la direction, Anne L. a consigné et fait remonter à sa hiérarchie les anomalies qu'elle aurait observées, impuissante, pendant deux années, et qui l'ont menée au

1. Gaële Joly, « Affaire Gérard Miller : une alerte sur son comportement avait été lancée auprès de la direction de l'université Paris-8 », *franceinfo.fr*, 14 mars 2024.

burn out. La plupart des problèmes qu'elle dénonce ce jour-là ont fait l'objet de nombreux échanges de mails que nous avons pu consulter entre la plupart des personnes présentes à cette réunion, mais aussi avec le directeur de l'UFR de sciences de l'éducation, Patrick Rayou, dont dépend Gérard Miller. Contacté par téléphone, M. Rayou a confirmé l'authenticité de ces courriels et l'existence de ces dysfonctionnements au sein du service dirigé par Gérard Miller.

Première anomalie qu'Anne L. pointe du doigt en 2014, et à nouveau devant la cellule d'écoute en 2024 : Gérard Miller n'aurait pas effectué le nombre d'heures de cours pour lesquelles il est rémunéré. Lors de notre rencontre, encore marquée psychologiquement par cette affaire, elle détaille : « Il faisait une heure et demie de cours par semaine au lieu d'en faire six. Il venait le mardi, commençait son cours avec trente minutes de retard et l'écourtait d'autant. En une heure, c'était plié. Quant aux cours en master, il ne les faisait jamais. Les thèses de doctorat, il ne les suivait pas. »

Ce procédé aurait également concerné de nombreux professeurs du département de psychanalyse dont la plupart étaient membres de l'École de la cause freudienne, association dirigée par le frère aîné de Gérard Miller. Ainsi, à la fin de l'année scolaire, dans un mail daté du 2 mai 2014 intitulé « Cours sortis du chapeau » envoyé à la directrice des ressources humaines, Nathalie M., responsable administrative et financière, fait état de nombreuses heures ajoutées soudainement par Gérard Miller deux jours avant, en date du 30 avril 2014. Cette « manœuvre » aurait pour effet de gonfler la rémunération des professeurs, chaque heure de cours étant payée 45,50 euros brut selon Anne L. Dans le tableau récapitulatif en pièce jointe, Nathalie M. relève en effet des écarts notables : certains professeurs (que nous avons préféré anonymiser) auraient donné seulement 14,50 heures de « cours effectifs d'après le programme diffusé auprès des étudiants » mais ont déclaré 66 heures, soit 52 heures subitement ajoutées le 30 avril. Un autre enseignant passe de 33 heures effectives à 66 déclarées. 48 heures manquantes sont soudain allouées à une intervenante « qui ne faisait pas son service », écrit Nathalie M.

Pour l'ex-femme du psychanalyste, Dominique Miller, également enseignante à Paris-8, un « séminaire pour étudiants étrangers » dans des locaux rue Navarin surgit en fin d'année scolaire pour un total de 78 heures de cours, soit la somme de 3 549 euros. « Depuis quand traite-t-on différemment un étudiant étranger ? » s'interroge dans son mail Nathalie M. Toujours selon ce tableau, Gérard Miller se serait également alloué 78 heures de cours supplémentaires pour un « séminaire transversal » le mardi de 17 heures à 20 heures dans les locaux de l'ECF, alors que les étudiants ont déjà cours à ce moment-là sur le site de l'université comme le précise Nathalie M. Cette dernière insiste, en gras dans le mail : « Ces cours n'ont jamais été portés à la connaissance du secrétariat pédagogique de psychanalyse, et par conséquent n'ont jamais été diffusés aux étudiants. » Les élèves de ces cours mystères avaient, eux aussi, tout l'air de fantômes. Interrogé sur ces dysfonctionnements, Gérard Miller réfute ces accusations : « Il n'a jamais été en mon pouvoir de réévaluer les rémunérations des chargés de cours, mais surtout, la simple consultation de ce qu'on appelle "les états d'heures complémentaires" montre qu'il n'en est rien. Aucun enseignant n'a donc été ni trop payé, ni payé pour des enseignements non effectués. » Nous publions la réponse *in extenso* de M. Miller en annexe de ce livre.

« J'ai reçu un carton de 300 DVD de son documentaire sur Lacan commandés avec l'argent de la faculté »

Lors de la réunion, d'autres problèmes sont remontés à la direction par Anne L., que sa N + 1 synthétise également dans un mail : elle dit avoir reçu un jour un énorme carton à la faculté. « Je l'ouvre et je découvre environ 300 DVD de *Rendez-vous chez Lacan*, le documentaire que Miller a réalisé avec sa compagne, Anaïs Feuillette. Je l'appelle et lui demande ce que je dois en faire. Il me répond : "Mettez ça dans un coin, vous ne vous en occupez pas, et mon fils va venir les chercher." » Ces 300 DVD apparaissent bien dans les échanges de mails entre membres de l'administration en 2014, ainsi que dans les déclarations de la secrétaire du département auprès de la cellule d'écoute de Paris-8 en 2024, et auraient été achetés, selon elle, sur les fonds de la formation permanente dommageable.

Plus dommageable encore : d'après les nombreux échanges de mails, documents officiels portés à notre connaissance et récits de témoins, Gérard Miller aurait demandé aux étudiants de s'acquitter d'une somme pour des « présentations de patients » dans le cadre d'un séminaire de « section Clinique », un enseignement obligatoire pour valider l'année de master 2 et les thèses alors que ces étudiants avaient déjà payé leurs frais d'inscription à la faculté et que l'enseignement universitaire a pour principe la gratuité. Dans un mail du 2 juin 2014, Patrick Rayou, directeur de l'UFR, évoque ainsi la « cassette section Clinique » de Gérard Miller et précise : « Le prélèvement de 80 euros qu'il impose aux étudiants de master est illégal. » Catherine D., elle, parle d'un « pactole créé par les cotisations indues qu'il demande aux étudiants de master ». D'après, les « contrats de section Clinique » que nous avons pu consulter, chaque élève de master et chaque doctorant devait payer 80 euros (150 euros et 500 euros pour les étudiants extérieurs) pour pouvoir accéder à des patients, une information que nous confirme un ancien gestionnaire du laboratoire de section Clinique.

Selon Anne L., ces sommes étaient perçues en liquide ou en chèque. La secrétaire confie à la cellule d'écoute s'être même retrouvée avec plusieurs milliers d'euros en liquide. Par crainte de se faire voler l'argent, elle aurait fini par acheter un coffre-fort pour ce pécule amassé et géré en toute opacité dont Gérard Miller disposait à sa guise, selon les membres de l'administration de Paris-8. Pour avoir une idée plus précise de ces montants ponctionnés aux étudiants, nous avons consulté les courriers d'attestation de paiement envoyés aux étudiants pour l'année 2012-2013. Après calcul : 4 240 euros ont été versés par des élèves déjà inscrits à la fac. Les candidatures individuelles, elles, s'élèvent à 2 850 euros. Au total, le « pactole » grimpe à près de 7 000 euros pour une seule année scolaire. Interrogé à ce sujet, Gérard Miller ne reconnaît aucune irrégularité dans les inscriptions à la section Clinique, réfute tout paiement en liquide et dément enfin que l'université ait acheté en nombre des DVD du film *Rendez-vous chez Lacan* (voir sa réponse *in extenso* en annexe).

« Un gourou » qu'on aurait laissé faire pendant des décennies...

Alors que, selon Anne L., la direction étouffe l'affaire, les autres membres de l'administration semblent, eux, totalement démunis face à cette situation. Dans le mail du 2 juin, quelques jours après la réunion de crise, Patrick Rayou écrit longuement à l'administration à propos de Gérard Miller : « Il faut mettre à son crédit, même si cela est "abracadabrantesque", que personne ne lui a jamais rien dit pendant des dizaines d'années. En revanche, dès la rentrée prochaine, il devra (il s'y est engagé verbalement) faire comme tous les responsables de département une brochure fiable, arrêter de prélever une dîme sur les étudiants, conventionner son local, ne pas payer deux fois le même cours, ne pas compter des préparations indues et je dois en oublier... » Le 7 juin, le directeur de l'UFR relance l'administration, exaspéré : « Nous sommes harcelés par Gérard Miller de demandes de mise en paiement des vacations. [...] Je souhaiterais savoir si votre position est de payer les personnels engagés malgré l'irrégularité des procédures. [...] Si l'université décide de "passer l'éponge" au motif que ce système perdure depuis des années, nous serons évidemment très vigilants pour que les engagements de transparence et de mise aux normes qu'il a pris oralement soient tenus. » La réponse de la directrice financière suit : « Je pense qu'il faut payer les vacations. »

La complaisance semble donc perdurer pour ce professeur tout-puissant que l'administration paraît craindre et que certains surnomment même le « gourou » dans leurs mails. Jamais écoutée et à bout, Anne L. finit par demander sa mutation dans un autre service de la faculté, provoquant le courroux de Miller. Aujourd'hui, une enquête interne a été ouverte au sujet, entre autres, du harcèlement qu'elle dénonce de la part du professeur parti depuis à la retraite. En plus des dysfonctionnements qu'elle a évoqués, Anne L. lui reproche de l'avoir « traitée comme une domestique ». Elle décrit de nombreuses tâches indues, des humiliations. « Gérard Miller arrivait toujours avec ses écouteurs sur les oreilles, comme s'il était à New York. Moi, je devais être à sa disposition pour exécuter le travail qu'il ne voulait pas faire. Je me souviens d'un jour où il est passé devant moi, a claqué des doigts sans m'adresser la parole en désignant une salle de cours où je devais le rejoindre. Quand l'affaire est sortie en 2024, ça m'a rendue malade, je n'ai pas été écoutée à l'époque et on a laissé cette situation continuer et les étudiantes être en danger. » Dans sa réponse sur ce sujet, Gérard Miller affirme « n'avoir jamais fait "subir des humiliations" (lesquelles ?) à Mme Anne L., ne jamais lui avoir "confié des tâches qui ne relevaient pas de ses fonctions” (lesquelles ?) ou ne jamais l’avoir “traitée comme une domestique” – expression pleine de mépris et particulièrement détestable ».

Les Miller, un clan influent de la psychanalyse

Autre univers – celui de la psychanalyse –, même silence embarrassé. Malgré son étiquette de « psy de plateaux télé » qui lui vaut le mépris de ses pairs, Gérard Miller est une figure connue de cette discipline, ou plutôt le frère d’une figure incontournable. Son aîné, Jacques-Alain Miller, époux de Judith Lacan, la fille préférée de Jacques Lacan, fut en effet un proche de l’intellectuel français au point de devenir le transcripteur officiel de ses célèbres séminaires, conférences orales que donnait le maître à ses élèves. « À sa mort, Jacques Lacan lui a légué le droit moral sur son œuvre. Lacan, c’est le dernier grand maître mondial de la psychanalyse. Il n’y a pas eu ensuite de renouvellement », nous explique l’historienne de la psychanalyse Élisabeth Roudinesco.

Pendant des années, avant qu’Internet permette la diffusion de transcriptions non autorisées, Jacques-Alain Miller a donc disposé d’une grande influence grâce à ce monopole sur l’œuvre de son beau-père. Cette aura, son frère en bénéficiera par ruissellement. Les deux frères Miller sont en effet très proches, eux qui ont perdu leur mère à 15 ans. Aussi, c'est main dans la main qu'ils règnent depuis 1981 sur l'ECF, « dernière initiative institutionnelle de Jacques Lacan, qui fut son premier président », dixit son site[1]. L'ECF forme des psychanalystes, propose des ateliers, séminaires, colloques, forums et campus psys, et participe à la défense de la psychanalyse dans le monde à travers l'Association mondiale de psychanalyse. L'ECF est le bras armé du clan Miller.

En parallèle, Gérard Miller exerce comme psychanalyste. À l'âge de 24 ans, Il entreprend une analyse pendant huit ans, puis passe de l'autre côté du divan. Il pratique pendant une quinzaine d'années au sein de l'hôpital Esquirol à Saint-Maurice, dans le Val-de-Marne, reçoit également une patientèle en ville dans son cabinet situé au rez-de-chaussée de son hôtel particulier. Selon les témoignages de présumées victimes, ce cabinet aurait été le théâtre de plusieurs abus. Même si aucune patiente ne s'est manifestée auprès de nous pour dénoncer des violences sexuelles, la notoriété de Gérard Miller aurait dû susciter un vif émoi au sein du monde de la psychanalyse au moment de nos révélations. C'est pourtant tout l'inverse qui s'est produit. À ce jour, seules trois psychanalystes ont réagi publiquement à ce sujet, toutes des

1. https://www.causefreudienne.org/l-ecole-de-la-cause-freudienne/

femmes, ainsi que l'historienne Élisabeth Roudinesco, également présidente de la Société internationale de la psychiatrie et de la psychanalyse (et ennemie jurée du clan Miller : Judith Miller lui a déjà intenté un procès pour diffamation, qu'elle a gagné).

Omerta chez les psys

Dans un texte paru dans *Le Monde* en mars 2024[1], Alexandra Buresi-Garson, Juliette Niderman-Nguyen et Stéphanie Pechikoff, psychanalystes et psychologues cliniciennes, ont tenu à rappeler les fondements éthiques de leur profession. « Nous voulons prendre la parole, car, à en juger par le silence actuel des psychanalystes, cette affaire laisse sans voix et nous fait éprouver [...] un profond malaise », écrivent-elles. Elles poursuivent : « Les dénonciations en série dont [Gérard Miller] fait l'objet ne concernent pas seulement les personnes impliquées, mais l'ensemble de nos pratiques, mises à mal par la confusion des registres [...]. [La domination] confère du pouvoir, et c'est alors que surgit le risque d'en abuser. L'es-

1. Alexandra Buresi-Garson, Juliette Niderman-Nguyen, Stéphanie Pechikoff, « Affaire Gérard Miller : "Une distinction entre pratique analytique et exercice d'un pouvoir s'impose" », *Le Monde*, 30 mars 2024.

pace de la cure thérapeutique n'y échappe pas, et seule notre réflexion éthique permet d'appréhender ce pouvoir, pour l'analyser, non pour en jouir. Car un psychanalyste qui ne pense plus sa pratique se transforme en abuseur [...]. Nous, cliniciennes, abasourdies mais ni sourdes ni muettes, pensons que bon nombre d'entre nous ne demandent qu'à faire entendre une autre voix de la psychanalyse [...]. Une voix portée par une pratique inscrite dans le social et le contemporain, vivante et politique, sans cesse interrogée, pour qu'en soit garantie l'éthique. » Leur appel n'aura guère suscité de remous.

Le silence que ces praticiennes dénoncent n'étonne pas Élisabeth Roudinesco, qui avait déjà donné un entretien très critique sur l'affaire à *Libération* le 9 mars 2024[1] : « Je ne parlerai pas d'omerta, le mot n'est pas bon, personne ne se concerte. La psychanalyse n'est pas une mafia, et on ne pouvait imaginer l'ampleur ni la gravité des faits dont on accuse Gérard Miller aujourd'hui. Mais il y a une véritable crispation. Aucune société psychanalytique ne veut s'exprimer publiquement sur cette affaire car toutes ont dans l'idée que les médias complotent contre leur discipline. C'est un milieu paniqué, qui craint

1. Élisabeth Roudinesco, « Tout le monde voyait que Gérard Miller utilisait l'hypnose pour son propre plaisir », *Libération*, 9 mars 2024.

chaque chose qui pourrait lui nuire. Même si Gérard Miller est haï à cent pour cent par la communauté psychanalytique, à cause de ses interventions à la télévision, véritable hérésie, elle règle le problème autrement. Elle exclut. » Selon le journal *Libération*[1], Gérard Miller écrit à Anaëlle Lebovits-Quenehen, présidente de l'ECF, le 10 février : « J'ai décidé de me retirer de toutes les structures administratives professionnelles auxquelles j'appartiens. » Cette démission est officialisée en catimini, le 13 février, par un mail en interne, et accompagnée d'un communiqué sur sa page Facebook : « Par ailleurs, Gérard Miller a fait savoir à la présidente de l'École que, tout en récusant formellement les accusations portées contre lui dans les médias, il avait décidé de démissionner de l'École », est-il précisé sans plus de commentaires.

Plusieurs mois après nos révélations, nous avons tenté, sans succès, de contacter l'ECF afin de connaître en détail sa position. Silence radio. À ce jour, seule une membre de l'ECF, Clotilde Leguil, s'est exprimée publiquement. D'abord à travers un entretien dans *Le Monde* le 17 février 2024[2]. La journaliste

1. Charlotte Chaffanjon, « La chute de "Divan le terrible" », *Libération*, 1er mars 2024.

2. Interview de Clotilde Leguil par Valentine Faure, « On voit émerger un questionnement sur l'abus de ceux qui, en place de père ou d'autorité, imposent le monopole de leur jouissance », *Le Monde*, 17 février 2024.

Valentine Faure lui demande de réagir sur l'affaire Miller. La psychanalyste, autrice d'un livre sur le consentement[1] n'esquive pas : « Je découvre en même temps que les lecteurs ces témoignages, ces accusations d'agressions sexuelles et de viols, en éprouvant un profond malaise, tant ils sont nombreux. Je suis aussi sensible à la question qui émerge ici, qui est celle de l'exercice du pouvoir par la parole. Pour Freud comme pour Lacan, il a été essentiel d'évacuer toute domination de l'expérience de l'analyse. Freud a arrêté l'hypnose lorsqu'il s'est aperçu qu'elle produisait une sujétion. Lacan, quant à lui, a écrit en 1958 un texte très important sur "la direction de la cure et les principes de son pouvoir". On y saisit à quel point il comptait que la psychanalyse ne soit pas le lieu de l'exercice d'un pouvoir. » Lorsque nous la contactons en décembre, nous tentons de savoir comment les autres membres de l'ECF ont réagi à nos révélations. La psychanalyste, également professeur à Paris-8 sous l'égide de Gérard Miller, reste sur ses gardes : « Gérard Miller n'a jamais été très actif ni présent au sein de l'ECF depuis que j'y suis. Je peux juste vous dire que parmi ceux de ma génération, cela a suscité beaucoup d'émoi. » Fin de la séance, nous n'en saurons pas plus.

1. *Céder n'est pas consentir : une approche clinique et politique du consentement*, PUF, 2021.

Finalement, un ancien membre éminent de l'École de la cause freudienne qui a très bien connu Gérard Miller accepte de nous parler sous couvert d'anonymat : « On savait tous qu'il était un cavaleur, qu'il aimait les "gamines", enfin, pas les mineures. Dans cette génération, les dragueurs, ce n'était pas ce qui manquait. On savait que, grâce aux médias, il piochait dans un vivier qu'on pensait consentant. Tout cela se disait avec une certaine désinvolture et une forme de demi-complaisance. Mais quand j'ai appris le protocole pervers qu'il aurait utilisé, j'ai été très surpris. Au sein de l'ECF cela a provoqué la consternation, même si Gérard n'y occupait plus vraiment de fonctions. Il avait eu une place très importante aux débuts de l'école, au moment de sa construction. Avec les années, il s'en est éloigné. Quand il a participé à des films à la fin des années 1990, il est allé à Cannes et en est revenu avec des étoiles dans les yeux. Il a découvert un autre univers, celui des paillettes. Et c'est là qu'il est devenu une vedette, qu'il s'est tourné vers la sphère médiatique. Je me rappelle sa femme, Dominique Miller, me disant : "Gérard voulait ses entrées partout, il les a eues." »

4

À gauche, silence dans les rangs

« Gérard Miller, vraiment ?
Pourtant, je le trouve très déconstruit. »

Mathilde Viot, ancienne attachée parlementaire du groupe LFI et fondatrice de l'Observatoire contre les VSS[1] *en politique, interrogée en janvier 2024 avant la sortie de notre première enquête*

Un gaucho à Janson-de-Sailly

« Je voulais être plus révolutionnaire que les révolutionnaires, plus à gauche que la gauche, plus à l'extrême gauche que le PC. » S'il est une formule idoine pour résumer le destin politique que Gérard Miller s'est façonné, celle-ci coche bien des cases.

1. Violences sexistes et sexuelles.

Extraite d'une interview donnée en 2004 à *Paris Match*[1], elle en dit long, tant par son fond que par sa forme : un révolutionnaire autoproclamé se livre dans les colonnes du journal des people et des puissants... La parfaite allégorie de son engagement d'équilibriste.

Gérard Miller naît en 1948 dans une famille d'origine juive polonaise décimée par la Shoah. Ève, sa mère, est pharmacienne de formation ; son père Jean, médecin généraliste travailleur et ambitieux, fonde le prestigieux institut de radiologie, rue de Lisbonne, dans le 8e arrondissement en 1980. Après quelques années dans le Marais, la famille déménage dans le 16e et Gérard use ses velours côtelés sur les bancs de Janson-de-Sailly, lycée qui forme les élites. Pourtant, une dissonance intérieure fait dévier le jeune idéaliste d'un chemin tout tracé au sein de la bonne société parisienne. « Je suis venu au monde avec le sentiment immédiat d'une injustice. Tout ce que j'ai fait dans ma vie, notamment mes engagements politiques, est lié à ce qui a précédé mon existence. Je n'agis que sous le regard de cette famille morte », explique-t-il dans une série d'articles que *L'Express*[2] a consacrés au « psy rouge » en 2018.

---

1. Gérard Miller, « Le jour où j'ai déclaré la guerre aux fachos », *Paris Match*, 28 juillet 2004.

2. Étienne Girard, « Gérard Miller, le petit psy rouge », *L'Express*, 14 avril 2018.

Commence alors son immersion en terre prolétarienne : à 16 ans, il adhère aux Jeunesses communistes. Trop sages pour lui. Il découvre alors le balbutiant mouvement maoïste : « [S]es textes me rappelaient la rhétorique de la Révolution française pour laquelle j'avais une fascination depuis tout jeune », déclare-t-il à *Paris Match*. À l'aube de Mai 68, il intègre L'École normale supérieure, s'inscrit en économie à Nanterre, puis prend part au Printemps français – « La première action de commando à laquelle j'ai participé a eu lieu juste avant le début des événements de Mai 68. Elle a été indirectement le déclencheur de la première nuit des barricades », assure-t-il crânement dans sa biographie, *Minoritaire*[1], où il se décrit volontiers en poulbot castagneur. Dans les années 1970, le jeune étudiant membre de la Gauche prolétarienne part deux années sur les routes de la Sarthe et de la Mayenne comme ouvrier agricole. Il plante des choux, récolte des pommes, s'occupe de vaches et de porcs.

À son retour, l'intellectuel avide de conquérir le monde s'éloigne du militantisme, se tourne vers la psychanalyse et les mondanités dans le giron de son frère aîné, mais ne cessera jamais de graviter dans les sphères de gauche et d'extrême gauche. « Il n'aime pas la bourgeoisie », explique, sans ironie, son ex-femme

1. Stock, 2001.

Dominique Miller à *L'Express*. Toujours prompt à défendre en plateau le petit peuple, à s'indigner face aux injustices du capitalisme, celui qui vit dans une demeure cossue en plein cœur de Paris godille ensuite un moment dans les traces du parti socialiste. Miller est un proche d'Henri Weber, il reçoit également l'ordre national du Mérite sous la présidence de Mitterand, le 24 juin 1993. Mais, à l'orée des années 2000, le « psy rouge » repart à bâbord toute. La rencontre avec Anaïs Feuillette, sa nouvelle compagne de trente ans sa cadette et issue d'une famille de militants communistes aurait-elle rallumé sa flamme révolutionnaire ? Au premier tour en 2002, il vote pour Robert Hue, puis en 2007, pour Marie-George Buffet[1]. Quelques amuse-bouches avant le plat de résistance, son coup de cœur pour un nouveau plébéien tapageur qui harangue les foules et pourfend les élites...

Mélenchon... « C'est un agneau »

Peu d'éléments ont filtré sur les circonstances de la rencontre de Gérard Miller et Jean-Luc Mélenchon[2].

---

1. Étienne Girard, *op. cit.*
2. Coline Maigre, l'attachée de presse de ce dernier, nous a fait savoir qu'il ne répondrait à aucune de nos questions sur cette affaire, et qu'il était inutile de lui faire parvenir notre questionnaire.

Et les nombreuses personnes de LFI que nous avons contactées semblent pour la plupart amnésiques ou ignorantes à ce sujet. Selon *L'Express*, « le psychanalyste aurait succombé à l'ancien ministre de Jospin en 2011 ». Quand Jean-Luc Mélenchon déclare sa candidature à l'élection présidentielle de 2012, il s'agit alors de rallier des personnalités publiques autour du leader du parti. Gérard Miller « explique dans les médias pourquoi il a voté Mélenchon, c'est déjà beaucoup », se félicite Alexis Corbière dans l'hebdomadaire. Miller (même s'il n'a jamais pris sa carte de militant LFI) devient au fil des années un sémillant porte-voix sur les plateaux télé, ouvre volontiers son carnet d'adresses très people. En 2012, le voilà compagnon de route officiel : LFI publie sur sa chaîne YouTube une intervention face caméra du psychanalyste. Il y explique soutenir la candidature de Jean-Luc Mélenchon pour la présidentielle.

Mais c'est à l'approche de sa seconde campagne de 2017 que Gérard Miller devient omniprésent. Il s'affiche lors de meetings ou d'événements, en coulisses comme sur scène. Le 18 mars 2017, pendant la « Marche pour la VIe République » organisée par LFI, il est, selon *Mediapart*[1], « "dans le carré de tête" de la manifestation. [...] les séances photos s'éternisent parmi

1. Stéphane Alliès, « Mélenchon fait le plein et plaide pour sa VIe République », *Mediapart*, 19 mars 2017.

les VIP de l'insoumission mélenchonienne. Le psychanalyste Gérard Miller embrasse Clémentine Autain ». Plus tard dans la journée, le psychanalyste déroule sur scène un rapide historique des acquis sociaux du XXe siècle en « sonnant la charge contre le vote utile » avant l'intervention de Jean-Luc Mélenchon[1]. Le 23 avril, comme en atteste une photo, il est présent lors de la soirée électorale du candidat de LFI, qui se tient au Belushi's à Paris, à l'issue du premier tour de l'élection présidentielle. Au défilé du 1er mai 2017, une autre photo de presse montre Jean-Luc Mélenchon, Alexis Corbière et Gérard Miller côte à côte et tout sourire. Enfin, le 23 mai 2019, un tweet sur le compte de LFI officialise son soutien à la liste de Manon Aubry pour les élections législatives du 26 mai.

S'il n'est pas un homme de la base, s'il n'a aucun rôle programmatique ni opérationnel, (ce qui explique sans doute qu'aucune militante LFI ne se soit manifestée parmi les victimes présumées), Gérard Miller cultive en revanche une forte proximité avec le couple Garrido-Corbière dont il est un ami proche, mais aussi avec le leader du parti. En 2017, il produit ainsi pour le service public un documentaire aux accents empathiques, *Mélenchon, l'homme qui avançait à contre-courant*, dans lequel il se met en scène aux

1. *Ibid.*

côtés du candidat pour mieux comprendre les secrets de cet animal politique. En 2018, il publie un manifeste à sa gloire, *Mélenchon. Mai oui : 1968-2018*[1] dans lequel il fait du leader de LFI le digne – ou plutôt le seul – héritier de 68. Dans cet ouvrage de quatre-vingt-dix pages, on trouve d'ailleurs quelques allusions aux relations qu'ils entretiennent ; elles semblent chaleureuses et même intimes : « Il y a beaucoup de moments où j'apprécie au contraire le silence et la douceur, et d'ailleurs Mélenchon aussi, j'en témoigne pour l'avoir côtoyé un certain nombre de fois loin des meetings et des interviews. Quand on ne lui cherche pas de noises, c'est un agneau, et pas seulement avec sa famille ou ses amis, avec tout le monde[2]. » Plus loin, il ajoute : « Du coup, même si je connais bien ledit Jean-Luc et que ce sont aussi ses qualités humaines que j'apprécie en lui, ce qui m'importe ce n'est pas le bonhomme, c'est ce dont il est lui aussi le signifiant. »

Les deux hommes semblent donc proches. Dans un article du *Parisien* de février 2024[3], paru à la suite de nos révélations, le journaliste politique Pierre Maurer écrit même : « Finie l'époque où Gérard Miller et

1. Le Seuil, 2018.
2. *Ibid.*, p. 76.
3. Pierre Maurer, « Affaire Gérard Miller : un ancien compagnon de route lâché par les Insoumis après avoir pris ses distances », *Le Parisien*, 29 février 2024.

Jean-Luc Mélenchon fêtaient l'anniversaire du tribun avec leurs compagnes respectives, à quatre, dans un cadre intimiste... Finies les vacances passées ensemble, les conversations animées par la "bonhomie" que le premier prêtait au second, son côté "très cash". » D'après nos informations, le « cadre intimiste » de cet anniversaire serait la maison secondaire que Jean-Luc Mélenchon possède dans le Loiret.

En octobre 2017, Jean-Luc Mélenchon est même invité à la grande fête organisée par le psy pour les cent ans de la Révolution russe d'octobre 1917. Il y a là « le cœur du cœur de la mélenchonie » comme nous le raconte un invité présent ce soir-là, notamment le couple Alexis Corbière et Raquel Garrido, Sophia Chikirou, et toute la bande du Média. Cette web TV a été cofondée la même année par Gérard Miller pour porter les idées de gauche et supplanter les médias mainstream vendus, selon eux, au pouvoir en place. Une centaine d'invités déambulent au milieu des boiseries du magnifique hôtel particulier du psychanalyste, certains entonnant des chants révolutionnaires russes comme *Poliouchka Polie*. Mais la lune de miel entre le psy et LFI tourne au vinaigre quelques mois plus tard, quand Gérard Miller et Sophia Chikirou (qui n'a pas répondu à nos sollicitations) finissent par se déchirer au sujet de la gestion du Média. « La cause exige que tu soutiennes Sophia », lui aurait écrit Jean-Luc Mélenchon dans l'un de ses derniers SMS. Le psy refuse. « À partir de ce moment, il ne m'a plus jamais appelé », confiait Gérard Miller au *Parisien*.

Omerta chez LFI

Malgré cette proximité avérée de leur leader avec Gérard Miller, malgré son soutien officiel, son compagnonnage actif, sa place centrale au sein d'un média soutien de leur parti, la plupart des têtes d'affiche de LFI ont refusé de répondre à nos sollicitations répétées, ou ont préféré botter en touche. Leur ligne de défense récurrente : cet ancien allié encombrant n'a finalement jamais eu de place officielle au sein du parti. « Je le connais très peu, je n'ai donc rien à vous dire en conséquence », nous répond ainsi Manon Aubry par texto. On lui rappelle alors le soutien officiel de Miller à sa campagne en mai 2019 ; elle rétorque : « Oui parmi plusieurs centaines (je ne peux pas avoir de contact individuel avec chacun), et il n'est jamais intervenu à aucun de mes événements ». Circulez, il n'y a rien à voir. Pourtant, Gérard Miller a affirmé dans la presse avoir eu des contacts directs avec la députée : « Depuis, je ne reçois plus de messages d'Antoine Léaument, Manuel Bompard ou Manon Aubry », déplore-t-il auprès du *Parisien* à la suite de sa brouille avec Mélenchon en 2018.

Même son de cloche pour la députée Clémence Guetté, pourtant très proche de Jean-Luc Mélenchon : « Je n'ai pas eu à côtoyer Gérard Miller au sein de LFI et je ne comptais pas parmi ses amis politiques. Je ne comprends pas de quelle campagne vous parlez et quel soutien il aurait apporté en mai 2019. » Nos relances sont restées sans réponse. Silence radio également pour Mathilde Panot ou pour l'ex-LFI Raquel Garrido, grande amie de Gérard Miller. Son seul commentaire, elle l'a proposé au micro de France Info en février 2024 : « Cette affaire m'a saisie en tant que femme, militante de gauche et amie de Gérard Miller et de sa famille. Ce qui est difficile avec les violences sexistes et sexuelles, ce n'est pas de les dénoncer quand c'est chez les autres, mais quand c'est chez soi, car ça crée un conflit de loyauté. »

Son compagnon, le député frondeur Alexis Corbière, lui, a fini par nous répondre, à l'usure. Embarrassé, il s'épanche quelques instants sur sa déception intime, sans aller sur le terrain politique (ni prononcer un mot pour les victimes présumées) : « J'étais ami avec lui et avec sa famille, j'étais très proche de lui mais je n'ai aucune information sur ce qu'il a fait, ça s'est passé bien avant qu'on se connaisse. Quand votre enquête est sortie, je me suis retrouvé comme un con. Je n'ai pas eu l'énergie d'aller lui demander des explications, peut-être qu'un jour la discussion viendra. Je ne vois pas l'intérêt de vous dire ma déception, cela ne concerne que moi. L'homme que j'ai connu n'avait rien à voir avec ça, mais ça ne prouve rien comme c'est souvent le cas dans ce genre d'affaires. Pour moi c'est une blessure, un petit deuil. C'est pareil pour Raquel, elle ne vous répondra pas non plus. »

François Ruffin, lui, nous explique avoir « pris une fois un café avec lui » et n'en dira pas plus. Miller s'était pourtant rendu en novembre 2023 à l'inauguration du local parisien de son mouvement Picardie debout selon *Le Parisien*[1]. Enfin, Sarah Legrain, responsable du comité de suivi contre les violences sexistes et sexuelles de LFI, affirme par texto qu'elle n'a pas été concernée par cette affaire « puisqu'au moment où votre enquête est sortie, il n'était ni membre de LFI, ni même proche, associé à des travaux ou événements du type universités d'été ou autres ». Or, selon elle, ce sont sur les membres de LFI ou intellectuels associés que la cellule statue. Sarah Legrain s'est pourtant rendue, le 25 novembre, au réquisitoire d'un procès qui ne concernait en rien LFI : le procès de Mazan, un déplacement qui montre son engagement sur ces thématiques... lorsqu'elles ne touchent pas un ancien compagnon de route.

Manuel Bompard, coordinateur de LFI, s'est exprimé brièvement sur BFM TV en février 2024 :

1. *Ibid.*

« J'ai une pensée pour les victimes présumées de cette personne », en rappelant que les liens entre LFI et Gérard Miller « n'étaient pas si étroits ». Même argumentaire du côté de Coline Maigre, l'attachée de presse du parti : cette dernière a justifié le silence de Jean-Luc Mélenchon par le fait que Gérard Miller aurait été « un simple soutien de LFI et non pas un proche, ses amis c'étaient Garrido-Corbière ». Il est plus commode de charger le couple de frondeurs désormais purgés du parti. « Je crois qu'il y a cette espèce de tradition un peu grégaire, un peu clanique, de solidarité avant toute chose, de loyauté au sens presque féodal du terme, analyse Henri Poulain, réalisateur et cofondateur du Média, à propos du silence de LFI. C'est quelque chose de très ancré dans les milieux militants de gauche : souvent la loyauté est plus forte que l'éthique. »

Finalement seules deux femmes nous ont confirmé, avec plus de transparence, avoir rencontré Gérard Miller à quelques reprises, en marge de meetings ou même chez lui. Comment expliquent-elles le silence de LFI sur cette affaire ? Pour Pascale Martin, ancienne députée LFI de Dordogne, « la direction de La France insoumise vit dans un autre monde sur ces questions comme sur d'autres. C'est l'omerta la plus totale, ils ne parlent pas ». Cette militante féministe a d'ailleurs été la première à critiquer en septembre 2022, le tweet de soutien de Jean-Luc

Mélenchon à Adrien Quatennens alors accusé de violences conjugales. « La façon dont le parti gère les violences sexistes et sexuelles est scandaleuse », s'offusque-t-elle encore aujourd'hui.

Au moment où l'affaire Miller explose, elle constate que personne ne l'évoque au sein du groupe parlementaire : « Moi, ça m'a beaucoup surprise, sur les soixante-quinze députés, il y en avait peut-être une vingtaine qui avait connu Gérard Miller, qui l'avait croisé à un moment mais on sortait du trauma Quatennens, on avait déjà bien du mal à fonctionner normalement. Et puis certains de mes collègues n'avaient jamais réfléchi aux questions de VSS [violences sexistes et sexuelles]. Ce n'était pas un sujet pour elles et eux. »

Danielle Simonnet, députée de la Nupes « purgée » par la direction de LFI en juin 2024, rappelle aussi que « Gérard Miller était considéré comme un ennemi par la direction du parti depuis qu'il avait accepté de s'asseoir dans le fauteuil rouge après le documentaire de *Complément d'enquête* sur l'affaire Chikirou » (en octobre 2023). Lors de la parution de notre enquête dans *Elle*, elle se rappelle en avoir discuté avec Clémentine Autain, Alexis Corbière et Raquel Garrido : « C'était hallucinant ! On est tombés sur le cul, je ne sais pas comment vous le dire autrement. On n'avait absolument aucun indice et là, on découvre un truc monstrueux. » Et que pense-t-elle de l'absence de réaction du parti ? « De toute façon, Jean-Luc Mélenchon ne comprend rien à tout ça, au mouvement #MeToo. Pour saisir le mouvement féministe, il faut être pour des pratiques d'émancipation, et pas de reproduction des rapports de domination patriarcale comme il le fait dans sa gestion antidémocratique du mouvement, dans son emprise sur les autres. »

« J'ai envie de hurler »
(Sandrine Rousseau dans les pages de Elle*)*

D'autres femmes de gauche, proches un temps de Gérard Miller, ont également eu le courage de prendre la parole en pleine tempête. Des féministes qui se sont senties trahies, salies aussi. Sandrine Rousseau a été la première à s'exprimer en toute transparence sur l'affaire. On la comprend : au moment de la sortie de notre enquête, une photo d'elle aux côtés de Gérard Miller circule sur les réseaux sociaux, suscitant moqueries et critiques. Tous deux sont assis côte à côte, souriants et en pleine discussion. Il est venu la soutenir dans la campagne des primaires pour la présidentielle au sein d'EELV (Europe Écologie Les Verts) en 2021. La députée écologiste est en effet une amie de Coralie Miller, documentariste, metteuse en scène, militante féministe contre les violences sexistes et sexuelles... et fille du psychanalyste.

Prenant son courage à deux mains, Sandrine Rousseau a très vite accepté notre proposition d'entretien en février 2024. Elle nous reçoit dans son petit bureau à l'Assemblée. La députée est fébrile, très affectée par cette trahison politique, mais aussi par la rupture que cette affaire entraîne avec Coralie Miller. Nous comprenons au fil de l'entretien que les deux femmes sont des amies intimes, des sœurs de lutte. Sandrine Rousseau nous confie que cette dernière ne décroche plus son téléphone et ne lui a répondu que par textos lorsqu'elle l'a prévenue de sa prise de parole dans nos pages.

En marge de leur relation, Sandrine Rousseau avait croisé son père à quelques reprises. Avait-elle des doutes sur l'homme ? « Non, pas de cette ampleur-là. Cela étant, j'ai des doutes sur tout le monde et c'est un de mes problèmes. En 2017, j'avais créé une adresse mail pour recueillir des témoignages de victimes, suisjeseule@gmail.com. J'ai reçu des milliers de messages, et j'ai vu passer son nom, mais comme la Cnil [Commission nationale de l'informatique et des libertés] m'a demandé de fermer cette adresse, je n'ai pas pu les ouvrir, ni donner suite. » Une alerte de plus qui finira aux oubliettes. Estime-t-elle avoir été trahie par Gérard Miller ? « Absolument, totalement, fondamentalement. Vous savez, j'ai l'habitude de ces hommes qui viennent s'acheter une crédibilité féministe en s'affichant avec moi. Lors de ma primaire, j'ai dû faire virer quatre hommes parmi mes soutiens, pour des comportements problématiques. Pour l'un d'eux, j'ai même dû faire un signalement au procureur car cela concernait une mineure. Mais quand j'ai lu votre premier article et puis votre second, je me suis dit : "Que vont penser les femmes d'avoir vu Gérard Miller s'afficher avec moi ?". Je leur présente mes excuses, même si je ne savais rien ; mais je pense que, pour elles, ça a été dur de voir ça. »

À propos des positions féministes du psy, elle explose : « J'ai envie de hurler ! [Elle le répète trois fois.] De lui dire : "Vous ne vous rendez pas compte du mal que vous faites, c'est odieux !" » À la fin de l'entretien, la femme politique, gagnée par l'émotion, est presque au bord des larmes : « À qui peut-on faire confiance, en fait ? Si même les alliés s'avèrent être des agresseurs ou des violeurs potentiels, sur qui s'appuyer ? Ça devient un problème humain : c'est un combat dans lequel on ne peut compter sur aucun homme. »

Clémentine Autain (qui a refusé de répondre à nos sollicitations) a également publié le 19 février 2024 un long billet sur son blog : « [La cinquantaine de témoignages contre ce compagnon de route à gauche] n'a généré aucune déclaration dans nos rangs, en dehors de Sandrine Rousseau qui a eu "envie de hurler". Je partage sa sidération. [...] Parce que je connais Gérard Miller depuis longtemps, son discours féministe et ses engagements publics contre l'oppression. Parce que c'est toujours plus difficile et douloureux de regarder en face de tels faits quand ils proviennent de son propre camp politique et de sa sphère amicale. Dénoncer chez le voisin, c'est facile. La vraie prise de conscience de ce que représentent ces violences, c'est quand on est capable de les reconnaître dans sa propre famille. »

Une autre féministe aguerrie nous raconte aussi avoir été trompée par la posture d'allié de Gérard Miller, par son discours progressiste. Mathilde Viot, ancienne assistante parlementaire du groupe LFI, fondatrice de l'Observatoire des violences sexuelles en politique et autrice du pamphlet *L'homme politique, moi j'en fais du compost*[1], n'y a vu que du feu. Lorsqu'on l'informe des accusations en amont de la parution de notre première enquête, elle s'étonne : « Gérard Miller, vraiment ? Pourtant, je le trouve très déconstruit ! »

Dix mois plus tard, nous la rencontrons chez elle pour revenir sur cet échange qui paraît aujourd'hui lunaire : « Je l'avais croisé quelques fois dans les couloirs de l'Assemblée lorsqu'il rendait visite à Jean-Luc Mélenchon, et surtout sur le plateau de l'émission

1. Stock, 2022.

C l'hebdo, le 15 avril 2023, au sujet d'un cas #MeToo dans la politique. J'ai été très agréablement surprise par ses positions, il expliquait comment il avait évolué grâce au travail des féministes. En plateau, il me remercie, me dit : "bravo pour ce que vous faites." » En coulisses, elle le trouve toujours très agréable. « En tant que féministe, les hommes hétéros, surtout plus vieux, te regardent soit comme une folle, soit comme une fille qu'ils baiseraient bien. Lui, au contraire, avait un regard très sympathique et semblait sincèrement intéressé par mes travaux. Je n'ai pas senti ce réflexe de déshumanisation des femmes qui en général alerte notre radar à connards. »

Comment a-t-elle réagi à la parution de notre enquête ? « J'étais vraiment déçue, je me disais qu'on avait un allié potentiel dans cette génération qui aurait pu nous aider à diffuser nos arguments auprès de ses congénères. Je pensais vraiment le recontacter pour voir dans quelle mesure on pouvait collaborer. »

Le Média : au royaume des embrouilles et des rumeurs

Le son de cloche est un peu différent au Média, cette web TV créée en septembre 2017 pour porter une parole progressiste, écologiste, féministe, et surtout, favorable aux Insoumis. Plusieurs salariés conviennent avoir entendu des « rumeurs » au sujet du psy. Katerina Ryzhakova, chargée à l'époque de la communication du Média, se souvient de cette boîte mail ouverte pour recueillir les suggestions et idées des lecteurs potentiels : « L'un des courriels disait que Gérard Miller avait violé des femmes sous hypnose, nous confie-t-elle. Mais vous savez, il y avait tellement de gens qui nous envoyaient des choses étranges, tellement de messages fantaisistes. » Un ancien compagnon de route de LFI, souvent invité aux soirées et apéros de fin de journée à la rédaction, nous confirme également avoir entendu ce bruit de fond « Gérard Miller-viol-hypnose » : « Mais j'avais classé ça dans la rubrique "rumeurs à la con". Mettez-vous à notre place, c'était trop délirant pour être vrai, j'ai balayé ça d'un revers de main. Si vous m'aviez dit que Gérard Miller pouvait léviter, j'aurais réagi de la même manière ! »

D'autres avaient entendu parler de la mésaventure d'Aude Lancelin, ancienne directrice adjointe de *L'Obs* et de *Marianne*, puis un temps directrice du Média. En 1995, la journaliste, alors âgée de 22 ans et stagiaire à l'hebdomadaire *Le Point*, est chargée d'interviewer Gérard Miller à propos de « la vie des people ». Le psychanalyste lui déroule le programme habituel : drague lourde, harcèlement téléphonique jusque chez ses parents et sur son lieu de travail, multiples invitations à déjeuner qu'elle finit par accepter à l'usure... et finalement, une proposition d'hypnose, qu'elle décline, méfiante et mal à l'aise. Certains se rappellent aussi l'accueil glacial qu'il lui réserve au Média vingt ans plus tard, lorsqu'il lui lance : «Je crois que vous ne m'aimez pas beaucoup ? Ne vous inquiétez pas, je ne me suis pas opposé à votre embauche.»

Sa réputation d'amateur de très jeunes femmes et de dragueur de plateaux de télé l'a par ailleurs suivi au Média. Aude Rossigneux, à l'époque présentatrice du journal télévisé, a par exemple entendu parler de son surnom, « Gérard-t'es-en-quelle-classe-Miller », donné par les techniciens de l'émission *On a tout essayé*. Mais même en additionnant tous ces bruits de couloir, il était difficile de se figurer ce psychanalyste mondain et doucereux comme un multi-agresseur de jeunes femmes, d'autant que son épouse, Anaïs Feuillette, était toujours présente à ses côtés, discrète et silencieuse, assistant à toutes les réunions, bien que n'ayant aucune place officielle dans l'organigramme, s'exécutant immédiatement lorsque Miller lui lançait négligemment : « Anaïs, prends des notes ! ». «Je peux témoigner d'un total aveuglement, se désole par exemple Henri Poulain, cofondateur du Média, et membre du comité de pilotage, avec Miller et Chikirou. Le harcèlement, la domination patriarcale, ce sont des sujets qui me touchent et me préoccupent. Et je dois avouer assez humblement et assez piteusement n'avoir rien décelé chez Gérard.»

Nombre de collaborateurs avaient en revanche noté un autre trait de sa personnalité, celui d'un patron sans état d'âme ni empathie pour une équipe en grande souffrance face à un management brutal. Marc de Boni, venu du *Figaro* pour couvrir la politique au Média, dépeint une Sophia Chikirou tyrannique et colérique : « [Elle était] capable de nous balancer qu'on était les pires des merdes, ou de hurler sur une présentatrice en plein JT, parce qu'elle estimait que le résultat n'était pas à la hauteur. Le rôle de Gérard Miller dans tout ça, c'était de nous faire avaler jusqu'à plus soif les comportements inqualifiables de Chikirou avec son ton doucereux. » Très impliqué dans la gestion des finances, le lacanien lance parfois des idées qui sidèrent la rédaction : recruter des correspondants de terrain... sans les rémunérer, des journalistes militants qui accepteraient de collaborer gracieusement avec le média. Aude Rossigneux se rappelle aussi l'avoir vu s'offusquer du prix de la pige, fixé à 100 euros. « Alors que moi, qui ne suis pas n'importe qui, je suis payé 150 euros quand j'interviens sur RTL », lui aurait-il rétorqué.

En février 2018, alors que la rédaction est à bout, Marc de Boni, propulsé rédacteur en chef au gré des démissions des uns et des arrêts maladie des autres, prend son téléphone pour appeler le psy mélenchoniste, en vacances au ski à Val-d'Isère : « Je lui ai dit que la situation devenait ingérable, que Sophia était de plus en plus insultante et colérique, qu'il fallait qu'il intervienne pour tenter d'apaiser les choses. Il était sur un télésiège avec Marc-Olivier Fogiel, il m'a dit en rigolant : "Que d'alarmisme, que de dramatisation... vous êtes soupe au lait, les journalistes. Ça m'apprendra à recruter des gauchistes !" »

« Finalement, soupire une ancienne rédactrice en chef, on était gérés par des milliardaires qui s'amusaient à lancer un média, mais qui ne comprenaient rien à la presse. » « Gérard Miller, finalement, c'est un gauchiste de plateau », conclut Marc de Boni. Et aussi, nous l'avons constaté, un féministe de plateau.

Le syndrome de Janus : le psy aux deux visages

Le 25 janvier 2024, l'enquête est bouclée, nos témoignages sont recoupés. Il reste une étape indispensable : le contradictoire. Nous envoyons à Gérard Miller un mail l'informant de la future publication de notre article. Quelques heures plus tard, alors que nous attendons sa réponse, un tweet de l'émission *Arrêt sur images* annonce qu'il donnera une grande interview à Daniel Schneidermann. Veut-il nous couper l'herbe sous le pied, révéler notre enquête avant sa sortie ?

Nous découvrons, sidérées, le titre de l'émission : « De #MeToo à Mélenchon : les (r)évolutions de Gérard Miller ». Les deux hommes, assis face à face devant une étagère sur laquelle est posé un livre intitulé *Route vers l'enfer*, se lancent des « salut » et se tutoient. À l'époque, Gérard Miller est au cœur d'une mini-tempête médiatique, car son interview de 2011 du cinéaste Benoît Jacquot et ses questions complaisantes sur sa relation avec Judith Godrèche, 14 ans à l'époque, ont refait surface sur les réseaux sociaux. Face à Schneidermann, le psychanalyste explique qu'il « ne referai[t] pas le même documentaire aujourd'hui ». Questionné sur sa vision du mouvement #MeToo et des rapports hommes-femmes, l'ancien maoïste développe un discours qui deviendra, après nos révélations, l'un de ses axes de défense : « Les hommes de ma génération qui ont été des révolutionnaires, [...] ont vu et soutenu la naissance du MLF, mais dans le même temps notre génération a perpétué un système culturel qui veut que le désir masculin supplante le désir féminin. » Le thérapeute affirme aussi avoir été, à une époque lointaine, un « dragueur invétéré », en prenant soin d'ajouter que « le "non" était un "non" ». « Embrasser quelqu'un de force dans un ascenseur, je n'ai jamais connu ça », jure-t-il. Le psy est enfin interrogé sur d'autres documentaires qu'il a réalisés, sur Gérard Depardieu – « l'homme sans inhibition » –, sur Jérôme Cahuzac – « Par quel aveuglement a-t-il pu oublier cette épée de Damoclès suspendue au-dessus de sa tête ? » –, et enfin sur Dominique Strauss-Kahn – « C'était sa dernière soirée aux États-Unis, le lendemain il devait rentrer en France et annoncer sa candidature à la présidentielle, et il agresse sexuellement une femme de chambre ! On a envie de lui dire, retiens-toi mon vieux ! » (NDRL : les poursuites seront finalement abandonnées).

Nous sommes estomaquées. En réalité, l'émission a été enregistrée la veille, le 24 janvier, à 15 heures, nous explique quelques mois plus tard Daniel Schneidermann, attablé devant un Coca-Cola dans le quartier de Montparnasse : « Au moment où on enregistre, ça fait dix jours que je le pourchasse. Il est occupé, il se fait un peu tirer l'oreille. Finalement, il a joué le jeu. Pendant une heure, j'ai écouté un homme extrêmement subtil et intelligent, je voulais voir jusqu'à quel point il avait été capable de remise en question et de déconstruction. » Quelques heures plus tard, Gérard Miller lui écrit par message : « Il y a des saloperies qui vont sortir. » « Ah ! Si on pouvait refaire l'émission ! » écrit Daniel Schneidermann dans une chronique, le 1er février, au lendemain de la sortie de notre enquête.

Ça n'est pas la première fois que Gérard Miller va prêcher la bonne parole féministe en plateau. Le 10 janvier 2024, il est invité dans *C ce soir*, sur France 5. Le titre de l'émission : « L'affaire Depardieu est-elle un #MeToo à la française ? ». Assis dans un fauteuil aux côtés de Laure Adler et Aurélie Filippetti, Gérard Miller développe déjà son argumentaire sur « les hommes de [s]a génération qui ont perpétué, sans le vouloir, le Vieux Monde », avant de chanter les louanges du mouvement #MeToo, et de lancer : « La fierté de la France, c'est la parole des femmes. » C'est après cette émission que les victimes présumées, indignées, ont commencé à contacter plusieurs journalistes, dont la rédaction de *Elle*.

Après nos révélations, un autre extrait de *C ce soir* a refait surface sur les réseaux sociaux. Cette fois, le titre de l'émission est : « Macron / Mélenchon : les meilleurs ennemis ? » Juliette Méadel, ancienne secrétaire d'État chargée de l'Aide aux victimes (2016-2017), y questionne le traitement par LFI de l'affaire Taha Bouhafs, candidat aux élections législatives de 2022 et accusé de violences sexuelles. (Suite à une enquête interne, LFI l'a finalement réintégré.) Lorsqu'il prend la parole, Gérard Miller pique une véritable colère, sa voix s'étrangle : « En cinq jours, M. Bouhafs n'est plus candidat ! Quand une femme s'est plainte du ministre de l'Intérieur [Gérald Darmanin], innocenté depuis, qu'elle est allée en justice, le ministre est resté ministre de l'Intérieur, et vous allez donner des leçons à la LFI ??? » Le psychanalyste est tellement hors de lui qu'alors qu'il fait un grand geste, sa main percute son micro-cravate, provoquant un larsen. Aujourd'hui encore, même après avoir visionné cet extrait de multiples fois, son émotion nous paraît toujours aussi troublante. Croit-il vraiment à ce qu'il dit ? Est-il, comme il l'explique lui-même à propos de Jérôme Cahuzac, « aveugle face à cette épée de Damoclès suspendue au-dessus de sa tête » ? Est-il clivé ? Ou est-ce de la manipulation ?

Muriel Salmona, psychiatre et spécialiste des violences sexuelles, voit dans ce genre de double discours un trait propre aux personnalités perverses : « Les pervers savent très bien ce qu'ils font, ils jouissent d'avoir ce double visage, ce Janus. Tromper tout le monde donne un sentiment de toute-puissance. Ils ont une sensation d'être plus intelligents que les autres. Pour certains, c'est quasiment être Dieu. » On ne se méfie jamais assez des chevaliers blancs, ni des féministes de plateau.

Il est toutefois arrivé à Gérard Miller de s'interroger aussi sur ses propres comportements hors caméra. Le 7 décembre 2023, la journaliste Emmanuelle Dancourt, présidente de MeTooMedia, participe à un plateau dans l'émission *Le 20 heures de Ruquier* sur BFM TV. L'un des thèmes abordés ce jour-là porte sur les accusations de violences sexuelles à l'encontre de Gérard Depardieu, monstre sacré du cinéma. Gérard Miller, ami de longue date de Laurent Ruquier, est invité. À la fin de son intervention, Emmanuelle Dancourt récupère son manteau dans le sas à côté de la régie.

La journaliste est rattrapée par Gérard Miller ; il lui confie s'interroger sur la notion de consentement. Selon lui, il est très difficile de savoir si une femme est réellement consentante lors d'une relation sexuelle. Emmanuelle Dancourt s'étonne : généralement, cela se voit, si l'on prête un tant soit peu d'attention à sa partenaire, lui expose-t-elle. « La conversation a duré trente bonnes minutes, nous confie la journaliste. Il avait l'air vraiment préoccupé. Je lui ai dit : "Gérard, si vraiment ça vous inquiète, vous n'avez qu'à appeler les femmes concernées, pour leur poser la question." Il m'a répondu : "Mais enfin, je ne peux pas *toutes* les rappeler !" Et alors, j'ai compris qu'elles étaient très, très nombreuses. »

5

Le rapt des jeunes filles

« Tu ne seras pas la première fille de Mâcon qui perdra son pucelage avec moi. »

Gérard Miller à Élise, une témoin.

Des adolescentes pour cible

Mois après mois, les récits de femmes s'accumulent. Un détail récurrent nous frappe : la jeunesse des victimes présumées au moment des faits qu'elles dénoncent. Pour la majorité d'entre elles, ils se seraient produits tout juste après leur majorité, entre 18 et 20 ans. Au crépuscule de l'adolescence, à l'aube de l'âge adulte. Un moment singulier de la vie, fragile, où l'on quitte sa peau d'enfant pour plonger dans le grand bain, tête la première, parfois sans filet et toujours sans grande expérience.

Aujourd'hui, ces femmes ont entre 35 et 45 ans. À chaque fois, elles nous dépeignent la jeune fille qu'elles étaient avec les mêmes mots : « naïve », « inexpérimentée », « complexée », « sage », « studieuse », « oie blanche », « impressionnable ». Plus frappant encore, certaines étaient mineures lorsqu'elles auraient croisé la route de Gérard Miller. La plus jeune, Léa*, était encore une enfant en 1997 quand elle assiste avec sa classe à l'enregistrement de *On n'est pas couché*. Elle a alors 14 ans. « Il m'a abordée dans le public, a demandé mon âge et m'a répondu : "Ah, bientôt 15 ans, c'est bien !" Il a ensuite pris mon numéro, j'étais toute contente de le lui donner car je venais d'avoir un téléphone à fil dans ma chambre. Il m'a dit qu'il m'inviterait chez lui. En rentrant, j'en ai parlé innocemment à ma mère ; elle est devenue livide. Elle a remué ciel et terre pour trouver ses coordonnées et l'a appelé en lui intimant de me laisser tranquille. »

Marie-Hélène* est en première et vient de fêter ses 17 ans lorsqu'elle fait sa connaissance à La Baule pendant les grandes vacances. « Tout le monde se retrouvait à l'époque au Club de l'étoile sur la plage. Il venait souvent avec Gérard Lanvin et Marc Jolivet. C'était très sympa, les générations se mélangeaient, on a sympathisé. À la rentrée, j'entrais en terminale, il a proposé de me donner des cours de philo à Paris. Ma mère était très fière. Je suis allée quatre ou cinq fois chez lui, on faisait cours dans son bureau. Et puis un jour, il a parlé d'hypnose. Il m'a fait m'allonger, m'a demandé de déboutonner mon pantalon pour être à l'aise. J'étais comme endormie. Quand j'ai ouvert les yeux, j'ai senti sa main sous ma culotte au niveau de mes poils pubiens. Je me suis ressaisie, j'ai réussi à m'échapper. »

Charlotte, elle, avait 15 ans quand le psychanalyste lui aurait imposé un massage en culotte chez lui. L'adolescente le rencontre au Moulin-Rouge, sur le plateau de *On n'est pas couché* en 2001. Il connaît son oncle. Cela la rassure. Il l'invite à L'Olympia voir une pièce, puis à déjeuner quelques jours plus tard. Elle le retrouve chez lui, visite le fameux home cinéma, parle d'un trou noir. Lorsqu'elle se réveille, elle dit se retrouver dans une chambre à la lumière rouge. « Je suis en culotte sur le ventre, mon pantalon sur les chevilles, il est à califourchon sur moi, me masse le dos, les fesses, passe ses mains sous mon corps et touche mes seins. Je suis paniquée. Heureusement, la sonnerie de la porte a retenti, il est descendu, je l'ai suivi et me suis faufilée dehors. »

Parmi les autres témoins adolescentes au moment des faits présumés, Audrey* avait 17 ans quand le psy l'aurait violée à son domicile et Narjess, 15 ans quand elle dit avoir été violée par le père de son petit copain lors de vacances au Tunisie.

Mineures et plan à trois

Selon certains récits, des jeunes victimes présumées auraient également vécu des « initiations » sordides. Zoé* rencontre Gérard Miller en mars 2000 à l'âge de 17 ans, à l'occasion de l'anniversaire d'une comédienne. Sur les photos qu'elle nous a envoyées, elle pose en marinière, les cheveux en queue-de-cheval, à côté du psy. Toujours très avenant, ce dernier aurait sorti le grand jeu à cette jeune provinciale de passage à Paris : invitation au restaurant avec les chroniqueurs de *On va s'gêner*, à l'émission *Vivement dimanche* avec visite de la loge de Patrick Sébastien. Il la rappelle quelques mois plus tard pour lui proposer de venir profiter des festivités du 14 Juillet à Paris. « En arrivant, on passe d'abord chez lui. Sur le canapé, il devient soudain très entreprenant, il veut m'embrasser. Je lui ai dit je n'en ai pas envie. » La jeune fille se serait pourtant laissé faire, et aurait eu un rapport sexuel non protégé avec cet homme de 52 ans.

Plus tard dans la journée, tous deux seraient allés chercher une autre adolescente à la gare, Julia*, 16 ans à l'époque, qu'il a rencontrée quelques semaines plus tôt avec son père dans le public de l'émission *On a tout essayé*. « Mon père ne s'occupait pas vraiment de moi, nous dit Julia, il m'a laissée partir pour le week-end sans s'inquiéter. J'avais peur, mais voir Zoé, que Gérard Miller m'a présentée comme sa nièce, m'a rassurée. » Après une balade dans Paris, Zoé et Julia se rappellent avoir fini dans un lit avec Gérard Miller leur demandant de s'embrasser. À côté d'elles se trouvait Marianne, une autre jeune femme rencontrée dans la journée lors d'une course de roller. « Il a eu un rapport sexuel avec moi puis avec Marianne, se rappelle Zoé. Pendant ce temps, Julia était roulée en boule à côté de moi. Il me semble qu'elle pleurait. »

En 2002, une autre femme, âgée de 16 ans à l'époque, nous raconte avoir été initiée au triolisme avec une amie lycéenne par Gérard Miller. Anna* le rencontre lors d'une émission au Moulin-Rouge. La jeune fille, fascinée par le personnage médiatique, aurait alors entamé une relation suivie avec lui pendant un an et demi. Sur une photo de l'époque, le quinquagénaire la tient par la taille, elle a les joues rondes d'une enfant. Dès leur deuxième rendez-vous, Miller aurait eu un rapport sexuel avec l'adolescente. « Il était en train de m'embrasser et il a sorti une guirlande de préservatifs d'un tiroir. À chaque fois, ça se passait au rez-de-chaussée de sa maison, dans son cabinet de psy, sur un grand canapé en velours. Il me disait qu'il serait mon professeur d'éducation sexuelle. »

Plus tard, il lui demande de faire venir chez lui une de ses amies lycéennes. « Après coup, j'ai découvert qu'il avait pris son numéro et qu'ils avaient eu des relations sexuelles sans que je le sache. Comme j'étais très en colère, il m'a dit : "On n'a qu'à discuter tous les trois." Un soir, elle est venue, on a bu, on était saoules et ça s'est fini en plan à trois. Ce qui l'excitait, c'était de nous regarder. Mais après on l'a très mal vécu ; on se demandait pourquoi on avait fait ça. » Anna dit avoir participé à une autre soirée du même genre avec l'une des étudiantes de Gérard Miller, alors prof à l'université Paris-8. « Je n'avais pas envie de le faire mais lui disait à son étudiante : "Occupe-toi d'elle, elle est jeune." » Vingt ans plus tard, Anna se souvient d'avoir été fascinée par cet homme célèbre qui s'intéressait à elle. Mais elle raconte aussi avoir fait un malaise en lisant notre enquête. « À l'époque, j'avais l'impression d'être consentante, mais je n'avais que 16 ans, j'étais complètement sous son emprise », nous confie-t-elle aujourd'hui. Au regard de la loi, ces faits pourraient en effet être qualifiés de corruption de mineure.

« Je suis sûr que tu es vierge ! »

Un autre détail glaçant émaille également ces récits : Gérard Miller se serait enquis avec insistance de la virginité de plusieurs adolescentes et jeunes femmes. Aurélie, qui a porté plainte pour viol, a 17 ans quand le psy l'aurait emmenée au sous-sol de son hôtel particulier afin d'obtenir un rapport sexuel malgré ses refus répétés. « Il avait baissé son pantalon, puis le mien. Il mettait ma main sur son sexe, je le repoussais, mais il insistait de manière violente en me disant : “Je suis sûr que tu es vierge.” » Élise, qui nous a écrit pour soutenir la parole des autres femmes, décrit une obsession du même acabit. Au début des années 2000, à 16 ans, elle devient proche d'Isabelle Alonso (qui nous confirme bien connaître Élise). « Après une pièce de théâtre, Isabelle m'avait invitée dans le resto en face sur les Grands Boulevards. Autour de la table, il y avait Annie Lemoine, Isabelle Mergault, Gérard Miller et moi. Il m'a demandé mon âge, m'a proposé plusieurs fois qu'on se retrouve un autre jour pour me faire découvrir des choses. Il m'a dit : “Tu ne seras pas la première fille de Mâcon qui perdra son pucelage avec moi.” Je ne crois pas que les autres convives entendaient. Je me sentais oppressée et humiliée. Je n'ai jamais donné suite. »

Souvent, Gérard Miller aurait fantasmé d'endosser le rôle de l'initiateur. Mathilde, qui a porté plainte pour viol, affirme que le psy lui a demandé si elle était vierge avant de l'agresser. Lorsqu'elle répond par l'affirmative, il lui aurait susurré : « Si tu veux je pourrai être ton professeur et tu seras mon élève. » Sylvaine le rencontre pendant le festival de Cannes à 15 ans, en 1998. Impressionnée par sa célébrité, elle affirme l'avoir rejoint plusieurs fois à Paris. « Je n'avais jamais eu de petit ami, alors la première fois, il a voulu m'apprendre à embrasser, il m'a dit : "Sors la langue." » Au troisième rendez-vous, il l'aurait emmenée dans une chambre à l'étage. « J'avais mes règles. Il a mis un préservatif, et m'a demandé une fellation. J'ai refusé, je ne l'avais jamais fait. Il m'a intimé : "Essaie du bout des lèvres." Il a fini par se masturber au-dessus de moi, il a joui. J'étais une gamine, je me rappelle encore ma culotte rouge avec des marguerites blanches. »

Élodie*, une psychologue de 42 ans, raconte avoir eu un rapport sexuel avec le psychanalyste à 18 ans dans des conditions troubles après une séance d'hypnose : « Je n'en avais pas envie, mais je me souviens d'être dans un lit, dans le noir total, je ne sais pas comment lui est au-dessus de moi, il me pénètre, je suis totalement passive. Je ne me rappelle même pas m'être déshabillée. » Des années après, des phrases qu'il aurait prononcées sont toujours gravées dans sa mémoire : « On va pouvoir faire quelque chose de toi, je vais t'initier, ça va t'aider avec ton copain. » Il aurait également demandé à Aude, 17 ans, si elle avait déjà couché avec un garçon avant de lui imposer une fellation. Vanessa*, qui a porté plainte pour agression sexuelle, dit quant à elle avoir subi des attouchements lors d'une séance d'hypnose avec une amie. « Il nous posait de multiples questions sur notre vie, et notamment sur notre virginité. Je lui ai dit que j'avais un petit ami, mais que j'étais vierge. »

« La femme vierge est une source de dangers » (Gérard Miller dans VSD*)*

Cette obsession pour la virginité, le thérapeute la développe également à travers ses écrits. Miller l'écrivain s'est ainsi intéressé à ce sujet dans des articles pour la presse puis dans ses ouvrages. En octobre 1991, endossant son costume de psychanalyste, il participe à un grand dossier sur la question dans *VSD*, intitulé : « Je veux rester vierge[1]. » Le texte, écrit à plusieurs mains, est ainsi résumé en introduction : « Dans le sillage du retour aux valeurs traditionnelles, les jeunes filles sont de plus en plus nombreuses, comme Brooke Shields, à revendiquer le droit à la chasteté. Leurs aînés approuvent. Notre sondage montre des hommes qui rêvent d'épouser une vierge, des femmes qui veulent attendre le grand amour pour sauter le pas. »

Ce sondage réalisé par *VSD*, c'est Gérard Miller qui s'applique à en faire le décryptage sur le ton cabotin qu'il affectionne. Ce qu'il écrit alors résonne

1. Gérard Miller, Armelle Oger, Véronique Dubois, Caroline Laurent, « Je veux rester vierge », *VSD*, 31 octobre 1991.

étrangement avec les accusations dont il est l'objet : « La virginité ne divise-t-elle pas plus l'opinion qu'elle n'angoisse les hommes ou embarrasse les femmes ? C'est à voir. À la deuxième question qui porte sur le bon choix à faire de la femme vierge ou de l'autre, c'est déjà la confusion : épouser une femme préservée de toute expérience sexuelle séduit 39 % des sondés, ce qui laisse supposer qu'une frange importante de l'opinion, favorable au mariage précoce, guette la sortie des écoles. » Ou des plateaux télé ?

Il s'interroge ensuite sur la véritable signification de la virginité au cœur de nos inconscients : « L'adjectif qui s'applique le mieux à une femme vierge n'est autre que menaçante, poursuit-il dans *VSD*. Freud raconta un jour dans un texte intitulé *Le Tabou de la virginité* que sa pratique lui avait donné l'occasion d'étudier le rêve d'une jeune mariée que l'on pouvait reconnaître comme une réaction à sa défloraison. Eh bien, ce rêve, trahissait sans contrainte le désir qu'avait cette femme de châtrer son jeune époux et de conserver pour elle son pénis. [...] derrière cette envie de pénis se révélait l'amertume hostile de toute femme envers tout homme. De sa défloraison, la femme cherche inévitablement à se venger. [...] Non, ce n'est pas un hasard si tant de peuples, à travers tant de cultures et de siècles, ont valorisé la virginité des femmes. La femme vierge est tout bonnement une source de dangers. » On s'étrangle.

À ce tabou de la virginité, Miller consacre également un chapitre entier dans son ouvrage *Malaise*[1], paru en 1992, dans lequel il recycle l'analyse de *VSD* en l'enrichissant quelque peu. Son titre : « Le venin de la pucelle ». Des jeunes femmes menaçantes, vénéneuses, dangereuses et face à elles, des hommes castrés, apeurés, brimés. L'interprétation freudienne de la virginité est l'exact opposé des terribles descriptions livrées par ses victimes présumées.

Fétichisation de la virginité, une longue histoire

Au-delà de cette analyse psychanalytique, des chercheuses ont travaillé sur la question de la virginité à travers les époques. Pour Pauline Mortas, historienne de la sexualité et autrice du livre *Une rose épineuse. La défloration en France au XIXe siècle*[2], les détails de l'affaire Miller s'inscrivent dans une longue tradition de domination masculine et d'appropriation du corps féminin. « Tout cela m'évoque assez fortement la littérature pornographique du XIXe siècle et du tout début XXe que j'ai pu étudier, constate la chercheuse. J'ai retracé la manière dont la virginité féminine était érigée en fantasme et j'ai pu mettre au jour plusieurs

1. Seuil, 1992.
2. PUR, 2017.

motifs récurrents dans les récits de défloration. Il y a celui de la conquête ou de la prise de possession. On compare la femme déflorée à une ville assiégée. Et puis, il y a celui de l'initiation, avec la figure du maître, de l'élève et la leçon. Ce sont finalement des modulations d'un fantasme de domination masculine sur ces jeunes femmes, renforcé par l'écart d'âge et de connaissances en matière de sexualité. »

Pour l'écrivaine féministe Hélène Frappat, autrice du livre *Le Gaslighting, ou l'art de faire taire les femmes*[1] et d'une tribune[2] remarquée sur la révolte des petites filles dans le sillage des révélations de Judith Godrèche, il s'agit de choisir une jeune fille sans expérience afin d'asseoir sa position de maître, et donc de refuser la puissance des femmes plus âgées. « C'est la recherche d'une forme d'analphabétisme sexuel », avance-t-elle. Elle va plus loin : « Il n'y a, selon moi, aucune différence entre une vierge et une femme morte. Dans l'histoire des représentations des vierges, elles ne vivent pas tout à fait parmi nous, mais dans les limbes. Beaucoup de cette prédation sexuelle s'apparente à une forme de cadavérisation des femmes. La jeune fille endormie, topos de la

1. L'Observatoire, 2023.

2. Hélène Frappat, « Toutes les femmes, sur l'écran du cinéma qui est la vraie vie agrandie, sont des survivantes », *Le Monde*, 13 février 2024.

littérature et de la culture, est quelqu'un qui ne parle pas, qui est en deçà de la sexualité, qui est livrée, puis délivrée, quelqu'un qui doit être initié, et qu'on ne définit que par la privation : privation du langage, de la sexualité, de la mémoire, du pouvoir social. Dans les récits de ces femmes, la visite de l'hôtel particulier me rappelle vraiment les contes de fées : le prince, ou l'ogre, emmène la jeune fille dans son château. C'est une proie facile qui incarne l'impuissance féminine. »

Le rapt des jeunes filles, une passion française ?

Des hommes influents et âgés qui se servent de leur pouvoir pour soumettre et abuser des adolescentes... Ces dernières années, la France, et le monde de la culture en particulier, ont été secoués par une succession d'affaires éclairant cette sinistre prédation. En 2020, la parution du *Consentement*[1] de Vanessa Springora met en lumière les violences sexuelles que Gabriel Matzneff lui a fait subir à 14 ans, sous couvert d'amour. Début 2024, Judith Godrèche brise un silence de trente ans et dénonce les viols qu'elle aurait subis de la part de Benoît Jacquot, puis de Jacques Doillon alors qu'elle avait 14 et 15 ans. Quelques

1. Grasset, 2020.

semaines plus tard, nous révélions l'affaire Gérard Miller, réplique inattendue de l'affaire Benoît Jacquot. En effet, alors que Judith Godrèche commence à se confier dans la presse sur son histoire, elle découvre une vidéo vieille de plusieurs années. C'est un électrochoc, un point de bascule pour l'actrice. Et pour Gérard Miller. Sa diffusion sur les réseaux sociaux en décembre 2023 agit comme la mèche qui s'allume avant de tout faire exploser.

Que contient cette vidéo ? Il s'agit d'un extrait issu d'un documentaire, *Les ruses du désir : L'Interdit*, que le psychanalyste a réalisé en 2011. Il y interviewe son ami Benoît Jacquot sur son « penchant » pour les très jeunes filles. En préambule, il s'interroge d'abord à haute voix : « Quelle barrière psychique Benoît a-t-il renversée pour vivre une passion amoureuse avec Judith Godrèche, Virginie Ledoyen et Isild Le Besco, toutes les trois séduites alors qu'elles étaient mineures ? » Puis la conversation continue et Benoît Jacquot concède, amusé, que « faire du cinéma est une sorte de couverture pour tel ou tel trafic illicite ». Miller poursuit sur un ton complice : « Avec ces très jeunes actrices que vous avez aimées, vous vous disiez que vous pourriez être leur père ? »

Ce qui n'avait choqué personne il y a treize ans provoque désormais un tollé. Gérard Miller est contraint de venir s'expliquer sur cette complaisance coupable dans l'émission *C ce soir* le 10 janvier 2024, il clame alors haut et fort qu'il ne referait, jamais au grand jamais, un tel film, que #MeToo est un mouvement formidable. Ce soir-là, sans le savoir, Gérard Miller a commis la première erreur de jugement de son parcours. Elle lui sera fatale. Aveuglé par son ego et par un sentiment d'impunité total, l'intellectuel n'a pas mesuré la colère qui gronde chez les femmes, ni « la révolte des petites filles » que décrit Hélène Frappat. Quelques jours après l'émission, une première femme nous fait part de sa rencontre avec Gérard Miller quand elle avait 18 ans et d'une proposition d'hypnose...

Au cœur de ces quatre affaires – Matzneff, Jacquot, Doillon, Miller –, un point commun donc : une obsession à peine dissimulée pour la « chair fraîche ». Au vu et au su de tous. Ce donjuanisme était alors un non-sujet et même une source de fierté dans une France des années 1980-2000 où les jeunes filles hypersexualisées étaient légion dans le cinéma comme dans l'industrie musicale. Des lolitas en veux-tu en voilà, comme le rappelle Anne Diatkine, journaliste cinéma à *Libération*[1]. Dans un article édifiant sur le cinéma des années 1980, elle retranscrit une interview de l'agente Isabelle de La Patellière datant de

1. Anne Diatkine, « #MeToo Violences sexuelles : le cinéma des années 1980 à l'ombre des jeunes filles en pleurs », le 8 février 2024.

1986 : « Tous les jours, je reçois des coups de téléphone de metteurs en scène qui, systématiquement, me demandent de leur présenter, une très jeune fille, le plus souvent inconnue. Jusqu'ici, leur âge tournait autour de 17, 18 ans, mais depuis le succès de *L'Effrontée*, nous sommes descendus à 14, 15. » Sophie Marceau, 15 ans dans *La Boum*, Sandrine Bonnaire, 15 ans, dans *Sans toit ni loi*, Éléonore Klarwein, 13 ans, dans *Diabolo menthe*, Vanessa Paradis, 17 ans, dans *Noce blanche*. Cette ruée vers les « nymphettes » s'accentue dans les années 1990, selon la journaliste, avec « la disparition difficile à concevoir et avec peu de contre-exemples des personnages féminins centraux, dès lors que l'actrice dépasse les 22 ans ». La jeune fille est donc un trophée qu'on filme, qu'on fait chanter, qu'on séduit, qu'on s'échange, qu'on viole parfois. Un trophée auquel plusieurs générations d'adolescentes s'identifieront, déjà conditionnées à être convoitées et manipulées par des hommes adultes.

6

Sans armes, ni haine, ni violence

« Car l'hypnose, si caricaturale qu'elle soit, induit artificiellement de véritables états de dépendance et ne constitue rien de moins que le noyau même de la structure de la domination. »

Gérard Miller dans son autobiographie, Minoritaire

Un homme courtois

Elles le disent toutes : Il n'y aurait pas eu de couteau, pas de menaces, pas de coups, pas de cris, pas de regards noirs. Les victimes présumées de Gérard Miller – sans se connaître ni s'être jamais rencontrées – dressent, parfois au mot près, le portrait troublant d'un homme « amical », « courtois », « charmant », plein de déférence malgré une tendance prononcée à parler de lui. « Quelque chose en moi me faisait croire que je pouvais avoir confiance, se rappelle Mathilde qui a porté plainte pour viol. Il avait l'âge de mon père, et en plus c'était un psychanalyste, quelqu'un censé soigner les gens. » Témoignage après témoignage, elle et les autres décrivent un manipulateur qui, grâce à une série de subterfuges parfaitement rodés, les aurait doucement attirées dans sa toile. Une fois le piège lentement refermé sur elles, il était, disent-elles, souvent trop tard.

Cette description « positive » de celui qu'elles accusent peut sembler dissonante : elle vient en effet bousculer les stéréotypes tenaces qui collent aux violences sexuelles. Dans l'imaginaire collectif, le viol est un acte sauvage commis le plus souvent par un inconnu armé, au détour d'un parking ou d'une ruelle sombre. Des figures monstrueuses comme Guy Georges ou Michel Fourniret ont marqué les esprits, tout comme les documentaires racoleurs sur les *serial killers* qui pullulent sur les chaînes télé ou les plateformes. Pourtant, ainsi que le rappellent chercheuses, militantes, membres d'association ou victimes, le viol commis par un inconnu avec violence est en réalité une exception, un écran de fumée qui a pour effet (ou pour vocation) de cacher une réalité plus dérangeante : dans 91 % des cas[1], l'agression est commise

1. Sophie Auconie, Marie-Pierre Rixain, *Rapport d'information fait au nom de la délégation aux droits des femmes et à*

par une personne de l'entourage de la victime, un homme qu'elle connaît et qui, pour arriver à ses fins, n'a pas forcément besoin d'employer de violences physiques ou verbales.

Dans son livre *Honte*[1], Florence Porcel (qui a porté plainte contre Patrick Poivre d'Arvor ; ce dernier est mis en examen dans cette affaire et conteste les faits), s'insurge contre ce mythe du « vrai viol » : « L'homme qui ne viole qu'une fois est un homme ordinaire, l'homme qui viole en série est dans l'écrasante majorité des cas un homme ordinaire, c'est ce sympathique grand-père sur ses petites-filles, c'est ce super éducateur sur ces enfants, c'est cet instituteur dont vous gardiez un si bon souvenir, c'est ce voisin bon vivant qui estime avoir droit à son devoir conjugal chaque jour, c'est votre oncle préféré sur vos cousins, c'est votre frère adoré sur ses employées, votre meilleur ami sur ses compagnes, votre mari sur ses étudiantes, votre fils sur ses petits copains, votre patron, votre collègue, cette personnalité publique dont vous ne ratez aucun concert, aucun livre, aucun meeting, aucun film, aucune émission, aucun match, aucune vidéo, aucun défilé, aucune pièce de théâtre, aucun épisode de série, le violeur en série peut tout à

l'égalité des chances entre les hommes et les femmes sur le viol, 22 février 2018.

1. JC Lattès, 2023.

fait être un homme adulé riche puissant sympathique beau séducteur charismatique et il sait parfaitement ce qu'il fait, il choisit ses victimes, il chasse, c'est un prédateur, il attend le bon moment, il isole, il jouit du pouvoir et de la domination qu'il exerce avant même tout acte sexuel, puis il fond sur sa victime, qui n'a rien vu venir... » Difficile de ne pas faire le lien avec l'affaire Gérard Miller.

Des proies faciles

Pour parvenir à leurs fins sans violence, les prédateurs sexuels utilisent souvent des techniques similaires. Les associations d'aide aux victimes qualifient ce système de « stratégie de l'agresseur ». Le Collectif féministe contre le viol en résume ainsi les différentes étapes : l'agresseur repère une victime vulnérable, la met en confiance, puis l'isole physiquement ou psychiquement, l'intimide par un climat de peur ou d'insécurité, crée de la confusion dans son esprit pour l'empêcher de comprendre qu'elle vient de subir une agression, inverse la culpabilité en lui faisant croire que c'est sa faute, et enfin verrouille le secret par la menace, le chantage ou la culpabilisation. Ces procédés, on les retrouve de manière frappante dans les dizaines de témoignages recueillis au cours de cette enquête.

Il y a d'abord les cibles : de très jeunes femmes inexpérimentées au moment des faits. À cela s'ajoute un autre facteur de vulnérabilité : nombre d'entre elles viennent de province ou d'un milieu modeste. Comment ne pas être impressionnée par un célèbre psychanalyste, ami des people et propriétaire d'un hôtel particulier disposant d'un home cinéma en plein Paris ? Un ascendant social qui aurait renforcé un peu plus sa domination.

Mathilde, 19 ans, habite alors à Tours : « J'étais euphorique, je trouvais ça complètement fou de me retrouver dans cet endroit à Paris, chez une star de la télé ! » Zoé* est une lycéenne de 17 ans originaire de Saint-Étienne quand elle croise le célèbre psy dans une soirée. Elle affirme avoir eu un rapport sexuel avec lui sans en avoir eu envie, puis un second alors que deux autres filles sont également dans le lit. « C'était tellement facile de soumettre une petite adolescente », déplore-t-elle aujourd'hui. Aurélie venait, elle, de Metz et rêvait de travailler à la télé. Gwladys*, qui aurait repoussé ses assauts après une émission radio en 1999, était originaire de Clermont-Ferrand. L'étudiante en histoire, qui finalisait son mémoire de maîtrise sur la Gauche prolétarienne, se rappelle : « J'étais chez lui, dans ce décor impressionnant quand on vient d'un milieu populaire, provincial. Je lui ai même demandé pourquoi il voulait passer une soirée avec moi alors qu'il devait côtoyer des femmes très diplômées. J'étais vraiment une oie blanche. Il n'était pas en quête d'une égale. » À d'autres, il aurait exhibé des liasses de billets au moment de régler un taxi.

Mais ce n'est pas tout : le psychanalyste est également soupçonné d'avoir ciblé des jeunes femmes en grande détresse psychique, jouant de son statut de soignant pour les rassurer. Un récit nous marque, celui d'Audrey*, jeune fille de 17 ans en pleine dépression qu'il aurait violée après l'avoir rencontrée dans le public d'une émission. Il aurait appelé ses parents, originaires d'un petit village, pour leur proposer de l'héberger une nuit, et lui faire visiter Paris afin de lui changer les idées. Ces derniers s'interrogent mais espèrent que ce « médecin » va aider leur fille. À l'époque, Audrey est déscolarisée après avoir subi un grave harcèlement scolaire, elle a fait un séjour en hôpital psychiatrique et passe ses journées à la maison à lire ou à regarder *On a tout essayé*. « C'est un monstre, sanglote aujourd'hui Christine*, la mère d'Audrey. Il avait en face de lui une gamine en souffrance, il savait qu'elle était malade, il a profité de son aura de psy. » Plusieurs de nos témoins ont également été victimes de violences sexuelles dans leur enfance, un facteur de vulnérabilité supplémentaire.

Enfin, parmi ses victimes présumées, on trouve des proches de sa famille qui ne se méfiaient pas de cet homme qu'elles fréquentaient. Ainsi, Narjess était un amour de vacances de Jérôme, son beau-fils, rencontré lors de vacances en famille durant l'été 1993, au Club Med d'Hammamet, en Tunisie. La jeune fille a alors 15 ans, le psy, 45. « Gérard Miller était l'attraction du village, se souvient cette femme aujourd'hui âgée de 46 ans. Il parlait à tous les jeunes, tutoyait tout le monde. » Lors de ce séjour, il aurait organisé des « soirées hypnose » avec les ados, au cours desquelles il confie à Narjess qu'elle est très réceptive. Selon son récit, alors qu'elle passe une soirée d'adieu avec Jérôme le dernier jour des vacances, le thérapeute les aurait convaincus d'aller dans le mini-club, et de participer à une séance d'hypnose, chacun dans une pièce. Narjess se souvient de sa torpeur, de son bras qu'elle n'arrive plus à lever, et des doigts de Miller la pénétrant, de sa voix lui susurrant « quand tu te réveilleras, tu ne te souviendras plus de rien ». Après des années de honte et de dépression, elle a déposé plainte à la suite de la publication de notre enquête.

Florence*, elle, était une amie de Louise*, la demi-sœur de l'actuelle compagne de Gérard Miller. Elle nous confie avoir passé une nuit chez le couple, avec son amie Louise à l'été 1999, en rentrant de vacances en Bretagne. Arrivée en journée, elle se serait vue, comme tant d'autres, proposer une séance d'hypnose, suivie d'un attouchement sur la poitrine. Le soir même, le chroniqueur aurait emmené les trois jeunes femmes – Florence, Louise et Anaïs – dîner dans un piano-bar, puis leur aurait proposé de visionner un film dans son home cinéma, au sous-sol. Alors que la compagne de Miller et sa demi-sœur vont rapidement se coucher, Florence s'endort sur le canapé. « J'ai été réveillée par les mains de Gérard caressant mon corps. Il me faisait comprendre qu'il avait envie de moi. Je me suis levée et j'ai rejoint Louise dans sa chambre. Depuis toutes ces années, je suis à chaque fois écœurée et en colère quand j'entends sa voix à la radio ou que je vois son visage à l'écran. »

L'approche : le coup de l'épate

Dans la plupart des récits, la prise de contact est sympathique, chaleureuse et semble parfois fortuite. À une de ses étudiantes, Gérard Miller aurait offert de l'aider pour son dossier d'inscription dans une autre fac. À Marie-Hélène* rencontrée à La Baule, il aurait proposé des cours de soutien en philosophie avec l'aval de sa mère. Autre argument récurrent pour les approcher selon leurs dires : son intérêt particulier pour cette nouvelle génération qu'il cherche à mieux connaître. « J'aimerais savoir quel est le mode de vie de la jeunesse, vous buvez de l'alcool, vous prenez de la drogue ? » aurait-il demandé à Stéphanie et son amie, alors âgées de 19 ans. Le chroniqueur, prêt à toutes les largesses, leur aurait également fait miroiter des places de théâtre, des rencontres avec des célébrités, des visites de sa loge ou d'autres plateaux télé ou radio. Jennifer qui aurait mis un terme à une séance d'hypnose dérangeante, est âgée de 15 ans et demi quand il la croise au Studio Gabriel en 1997 et l'invite au concert d'Axelle Red. « Il m'a promis qu'on irait dans sa loge. Lors de l'*after show*, il y avait des célébrités partout, j'étais émerveillée. Axelle Red m'a même fait un câlin. » À Astrid, alors âgée de 18 ans, il aurait promis d'activer son prestigieux réseau en échange d'une relation sexuelle. « Il m'a fait croire qu'il pouvait aider ma sœur à percer dans la chanson. Il a tenté de m'imposer une fellation, quand j'ai fui, il m'a lancé : “Tant pis pour ta sœur, toute aide se mérite.” »

Flattées par ces attentions inattendues, les jeunes femmes ne se seraient pas méfiées de ce psychanalyste si prévenant, de cet homme bien sous tout rapport et qui bénéficiait de surcroît d'une image bienveillante, celle d'un ancien maoïste aux valeurs progressistes, toujours prompt à se mettre du côté des plus vulnérables. Très disponible, Gérard Miller répondait aussi favorablement aux demandes d'interview d'étudiantes, comme Mathilda qui a conservé leurs mails. En février 2020, elle le sollicite pour un entretien dans le cadre de ses études de psycho. Il lui écrit : « Bonjour, voulez-vous assister en régie à l'émission à laquelle je participe aujourd'hui de 18 heures à 19 h 30 sur LCI ? Dans ce cas, il vous faudra être à Boulogne vers 17 h 30 (je vous donnerai toutes les précisions nécessaires si cela vous est possible) et je répondrai à quelques-unes de vos questions à la fin de ladite émission. Cordialement. GM. » Quelle célébrité nationale répond si promptement aux requêtes de jeunes inconnues ?

Tous les chemins mènent à Charonne

Une fois les jeunes femmes accostées, les numéros de téléphone échangés, le psy les aurait le plus souvent emmenées dans son hôtel particulier du 11e arrondissement. Selon leurs récits, il aurait eu recours à différentes techniques pour parvenir à ses fins sans les inquiéter, comme la diversion. Mathilda raconte ainsi comment ils doivent finalement repasser chez le chroniqueur avant le dîner prévu au restaurant car il aurait oublié de nourrir ses chats. À d'autres, il aurait dit que sa femme et sa fille étaient présentes. Ou qu'il s'agit de l'adresse de ses bureaux et non de son domicile. Des étudiantes auraient parfois été priées de venir récupérer des documents chez lui. Ou il s'agissait simplement de se rejoindre avant un spectacle ou un dîner mondain. Avec les jeunes provinciales, il se serait montré particulièrement arrangeant et généreux, leur proposant parfois de passer une nuit dans la maison familiale. Selon plusieurs victimes présumées, mineures au moment des faits qu'elles relatent, Gérard Miller n'aurait pas hésité à contacter leurs parents pour les amadouer et les convaincre de lui confier leur enfant. Comme la mère d'Audrey, ainsi que celle d'Émilie*, une baby-sitter, qu'il a su rassurer.

« Je me suis toujours senti l'âme d'un pater familias *»*

En plus d'être un psychanalyste de renom, un chroniqueur célèbre, un prof reconnu, Gérard Miller cultive une autre étiquette rassurante : celle d'un père de famille nombreuse. Il a d'abord élevé des jumeaux nés en 1977 de la première union de Dominique Miller. Suivront une fille en 1981 et un garçon en 1988. Il aura deux autres enfants avec sa nouvelle compagne, Anaïs Feuillette (qu'il rencontre lors d'une émission alors qu'elle a 19 ans). D'après les récits de ses victimes présumées, ce patriarche aurait régulièrement mis en avant ses enfants ou sa paternité pour gagner leur confiance. Il évoque leur présence chez lui pour ne pas éveiller leurs soupçons. D'autres racontent même les avoir croisés dans les couloirs de la maison avant ou après les agressions et tentatives d'hypnose présumées.

Sylvaine est en classe de seconde en 1998 quand elle rencontre Gérard Miller à Cannes, puis le revoit à Paris. Peu avant de pénétrer dans une chambre à l'étage de son hôtel particulier où il aurait tenté de lui imposer une fellation avant de se masturber, elle se rappelle être passée devant la chambre de sa fille : « La porte était entrouverte, il lui a dit : "Tu bosses." » La présence des enfants sur les lieux a marqué d'autres témoins de cette enquête comme Élodie*. Elle affirme avoir eu, à l'âge de 18 ans, un rapport sexuel non consenti avec le psychanalyste quinquagénaire à la suite d'une séance d'hypnose. Elle se souvient d'avoir entendu des voix dans la maison, le père de famille lui aurait dit : « Mes enfants savent que, quand je suis avec mes amies, ils ne peuvent pas venir dans les espaces où je les reçois. » Marion*, une étudiante de Paris-8, assure avoir croisé dans la maison son beau-fils du même âge qu'elle avant que le psychanalyste lui touche la poitrine dans une chambre. Aurélie se rappelle que ses enfants étaient à l'étage au même moment. Romane*, qui a porté plainte pour viol, affirme également avoir été agressée par le psychanalyste dans la chambre japonisante alors que ses enfants étaient présents dans la maison : « Il a quitté plusieurs fois la pièce pour aller voir son fils dans une chambre à côté. »

À d'autres, il vante son engagement en tant que père. Delphine rencontre Gérard Miller en 1988. Elle a 20 ans, elle est amie avec sa nièce et donne des cours de piano à ses deux beaux-enfants, puis enchaîne par un stage à *L'Ane, le magazine freudien*, revue de psychanalyse que dirige Gérard Miller. Elle se rappelle l'avoir suivi chez lui un soir après un dîner place des Vosges. L'oncle de sa meilleure amie l'aurait alors coincée contre un mur, embrassée et « pelotée » avant de la harceler plusieurs jours au téléphone. Un détail l'a marquée, une phrase que Gérard Miller aurait prononcée au cours du dîner : « Je me suis toujours senti l'âme d'un *pater familias*. » Et un *pater familias*, ça ne peut pas faire de mal comme le rappelle Rose Lamy dans son livre *En bons pères de famille* : « Les patriarches tiennent le beau rôle, et les hommes violents, ce sont toujours les autres, les monstres, les fous, les étrangers, les marginaux. Enfin, c'est ce qu'ils (se) racontent[1]. » Et on les croit.

Champion de la manipulation

Gérard Miller ne s'en est jamais caché : il a toujours été fasciné par les techniques de manipulation, la suggestion, le pouvoir des mots. Mais c'est l'hypnose qui le subjugue plus encore. Dans son autobiographie *Minoritaire*[2], il consacre plus de trente-cinq pages à

1. JC Lattès, 2023, p. 18.
2. *Op. cit.*

cette technique qu'il étudie et pratique avec passion dès le plus jeune âge. Enfant, il découvre, dans un cagibi, un livre couvert de poussière : *Le Manuel de l'étudiant magnétiseur* par M. le baron du Potet. « Avec curiosité, je feuilletais l'ouvrage dont plusieurs pages avaient été collées par le temps. On y parlait d'une force magnétique que tout un chacun pouvait émettre et qui, bien maîtrisée, permettait d'agir à distance sur ses semblables. » Séduit, le jeune Gérard décide de s'entraîner en hypnotisant d'abord son ami Nicolas à moitié endormi. « Nicolas le sentait-il ? Je ne sais pas, mais, moi, les yeux comme des billes, je le voyais. Son bras montait, comme tiré par un fil invisible. » A-t-il vraiment réussi ? Ou son ami était-il simplement en train de dormir ?

Dans le doute, Gérard Miller parfait sa quête et dévore d'autres livres sur le phénomène. « Ces récits me laissaient entrevoir des phénomènes plus importants, qui n'étaient pas sans rapport avec ceux qui m'avaient jusqu'alors intrigué et qui relevaient de la fascination que peut exercer la parole [...]. Ce qui était le plus intéressant dans les expériences hypnotiques qu'ils décrivaient, c'était leur extrême facilité. Les effets produits, souvent spectaculaires, étaient provoqués par de petits riens, quelques mots, quelques simagrées. »

Le jeune homme décide alors de tenter de nouveau l'hypnose sur son copain Marc qui se retrouve les bras raides comme du bois et les jambes immobilisées. Plus tard, il s'essaie sur Miranda, « la plus jolie fille de la classe », qu'il plonge dans un profond sommeil hypnotique en lui faisant oublier son prénom. « Désormais tu vas t'appeler Angela », lui intime-t-il. À son réveil, Miranda ne se rappelle plus son nom, ne parvient pas à l'écrire non plus : « Il fallut que je l'hypnotise de nouveau pour qu'elle s'en souvienne spontanément. »

Le voilà rassuré sur ses compétences ; « J'étais un bon hypnotiseur », affirme-t-il, même si rien ne nous permet de vérifier la véracité de son récit. Le jeune Gérard continue ses expérimentations, mais après d'autres séances plus radicales encore, il semble prendre peur : « J'ai rangé ce jour-là le livre du baron dans ma bibliothèque, et j'ai arrêté aussi sec l'hypnose, à l'exception de quelques expériences à l'université Paris-8, [...] je n'ai jamais renoué avec cette pratique. [...] Car l'hypnose, si caricaturale qu'elle soit, induit artificiellement de véritables états de dépendance et ne constitue rien de moins que le noyau même de la structure de la domination. » Une domination qu'il aurait pourtant exercée à de multiples reprises des années plus tard.

Jouir sans consentir

Sa décision de ne plus recourir à l'hypnose a fait long feu. Dans la presse ou à la télé, Gérard Miller ne cache pas qu'il y a toujours recours. Sur le plateau de *Tout le monde en parle* (France 2), le 24 novembre 2001, il explique à Thierry Ardisson combien il est « passionnant de voir la facilité avec laquelle on peut paralyser un bras, donner à quelqu'un le sentiment de voler. En quelques instants, on arrive à provoquer des effets de suggestion absolue », et dit pratiquer l'hypnose au cours de séances de jeu avec ses amis. Dans un portrait de lui paru dans *Le Monde* en 2018, Catherine Millot, psychanalyste et amie de longue date, se rappelle : « Il faisait des séances d'hypnose très rigolotes dans la maison de campagne de Lacan[1]. »

Sa fascination pour cette discipline donne même naissance au spectacle « Manipulation mode d'emploi », qu'il a joué seul en scène pendant plusieurs années à Paris et en province. Ce show « tente de comprendre les secrets des grands séducteurs. De Sarkozy à Madoff, de Royal à Mesmer, inventeur de l'hypnose », écrit alors *Le Dauphiné*. « Pour être manipulé, il faut que l'autre trouve la faille, la porte d'entrée. Nous sommes sur nos gardes, mais, là encore,

1. Laurent Telo, « De Michel Drucker à Jean-Luc Mélenchon, le complexe Gérard Miller », *M Le Monde*, 27 mai 2018.

pas tout le temps », explique le psychanalyste au journal.

En 2002, il publie le livre, *Hypnose mode d'emploi*[1] : cent quarante pages consacrées à cette discipline. Élément troublant, il y rapporte des faits historiques qui résonnent avec les récits de ses victimes présumées, dont celui-ci : À la fin du XVIIIe siècle, Louis XVI, inquiet de voir son peuple et sa cour raffoler des magnétiseurs, nomme une commission d'experts. Au terme de l'enquête, un rapport secret est remis aux mains du souverain. Gérard Miller détaille ce rapport : « Pour la première fois, en effet, on y décrivait des séances de magnétisme comme de véritables mises en scène sexuelles. Étonnant document sur les secousses passionnées des corps sous hypnose. Jamais jusqu'alors, avec une telle minutie, n'avait été dépeinte la quintessence même de ce pouvoir qu'on appelle suggestion. » Il poursuit avec gourmandise la description des séances : « La proximité des corps, l'attouchement, la chaleur individuelle, les regards confondus, n'est-ce pas là une voie connue de la nature pour opérer la communication des sensations entre les deux sexes ? [...] La main du magnétiseur est appliquée sur le ventre de la malade, et quelquefois plus bas. Il touche successivement toutes les parties du corps de la femme qu'il emprisonne doucement et

1. *Op. cit.*

se retrouve à l'occasion dans le voisinage des parties les plus sensibles. [...] La proximité devient la plus grande possible, le visage touche presque le visage, les haleines se respirent, toutes les impressions physiques se partagent instantanément, et l'attraction réciproque des sexes agit de toutes ses forces. [...] Les femmes ainsi livrées au magnétisme peuvent-elles se rendre compte de ce qu'elles éprouvent, tout en ignorant tout de l'état où elles se trouvent ? »

Gérard Miller décrit alors des manifestations corporelles observées chez les femmes – paupières humides, respiration courte, convulsions, langueur, abattement, repos nécessaire des sens après leur explosion –, qui ressemblent sans équivoque à un orgasme que l'hypnotiseur provoque chez elles. Rien de choquant aux yeux du psychanalyste qui poursuit son récit du point de vue des enquêteurs : « Vous regardez ces femmes alanguies et haletantes – qu'ont-elles subi ? L'enquête que vous menez ne peut se passer d'un entretien direct avec les malheureuses. Vous leur parlez comme à des victimes. Elles soutiennent votre regard en souriant, moqueuses, provocantes : victimes, elles ? Pas le moins du monde ! Il vous faut en convenir, cet état de convulsion, quelque extraordinaire qu'il paraisse à ceux qui l'observent, n'a rien eu de pénible pour celles qui l'ont éprouvé. [...] Vos prétendues victimes s'en trouvent même réconfortées et n'auraient aucune répugnance à l'éprouver à nouveau. » Touchées sur

« des parties sensibles » sans leur consentement, manipulées sexuellement par un hypnotiseur... où est donc le problème ?

Toujours dans cet ouvrage écrit en 2002, alors que nombre d'agressions présumées auraient eu lieu à cette période, Gérard Miller consacre un chapitre à des crimes commis sous hypnose, notamment des viols. Il raconte ainsi qu'en 1879, « une mère de famille déposait au parquet de Rouen une plainte contre un dentiste ambulant, qu'elle accusait d'avoir violé sa fille et de l'avoir mise enceinte ». Il mentionne également les travaux de professeurs universitaires sur le sujet à la même période. Jules Liégeois, qui enseignait à l'université de Nancy, affirmait en 1898 : « Des femmes, des jeunes filles peuvent être violées sans le savoir, sans le sentir, sans en garder le moindre souvenir. » Faut-il voir entre ces lignes un clin d'œil cynique aux agressions qu'aurait commises l'auteur de ces pages ?

Le boys club *de l'hypnose*

Gérard Miller n'est pas le seul que ce type de manipulation passionne. Le réalisateur Benoît Jacquot a intégré dans ses films des scènes de viol avec des personnages féminins hypnotisés. Ce leitmotiv commun interroge. Rappelons-le : les deux hommes se connaissent depuis plusieurs décennies. Benoît Jacquot a toujours été fasciné par la psychanalyse et plus particulièrement par l'une de ses figures tutélaires, Jacques Lacan. En 1974, il sollicite Jacques-Alain Miller, frère aîné de Gérard, et lui propose de réaliser un documentaire à partir d'entretiens entre les deux hommes (*Jacques Lacan, Psychanalyse 1 et 2*, sorti en 1974). Jacquot collaborera ensuite à plusieurs reprises avec le frère cadet : dans le documentaire *Rendez-vous chez Lacan* (2010) réalisé par Gérard Miller, Jacquot fait partie des intervenants, tout comme dans *Les ruses du désir* en 2012.

Mais revenons à l'hypnose. Benoît Jacquot s'est en effet servi de cette pratique comme d'un ressort narratif dans deux films. D'abord, en 1997, dans *Le Septième Ciel*, avec Sandrine Kiberlain, Vincent Lindon et François Berléand. Mathilde, l'héroïne du *Septième Ciel*, est une jeune femme perturbée et anorgasmique. Elle rencontre un thérapeute qui la « soigne » de sa dépression et de sa frigidité grâce à l'hypnose. Comment ? En lui faisant ressentir des orgasmes alors qu'elle est « totalement endormie », dixit le personnage du docteur. Dans une scène dérangeante, alors que Mathilde est hypnotisée, il remonte avec sa main sous sa robe, laissant comprendre qu'il la fait jouir à son insu. Bien qu'érotisée, cette scène décrit ni plus ni moins une agression sexuelle ou un viol sur une femme qui n'est pas en état de consentir. Mais, petit miracle de l'hypnose : Mathilde aime désormais le sexe ! Dans un article du *Monde*[1], un journaliste trouve d'ailleurs l'idée formidable : « *Le Septième Ciel* peut être lu comme une réflexion sur la jouissance de l'actrice mise en condition par son manipulateur d'inconscient. » Une vision du plaisir qui réduit la femme à un simple objet qu'on télécommande.

« Gérard Miller s'est vanté de ses prouesses. BJ en a fait un film » (Judith Godrèche)

En 2010, treize ans après *Le Septième Ciel*, Jacquot explore à nouveau le thème de l'hypnose. Dans *Au fond des bois*, il s'inspire cette fois-ci d'un événement datant de 1865 : le procès pour viol commis par Timothée Castellan, un ouvrier, sur Joséphine Hugues, une jeune femme vierge de 26 ans à la morale irréprochable. Dans le film, Joséphine, jouée par Isild Le Besco, est manipulée psychiquement par le vagabond, totalement sous son joug, telle une marionnette, et se fait violer à de multiples reprises dans des scènes barbares. Pourquoi cette histoire a-t-elle passionné Benoît Jacquot ? Il s'explique dans le dossier de presse du film : « Si je suis, pour ma part,

1. Jean-Luc Drouin, « Mal d'être et transgression, thèmes récurrents de Benoît Jacquot », *Le Monde*, 8 décembre 2004.

absolument rétif à toute hypnose, je m'y intéresse beaucoup et depuis longtemps, bien avant de faire du cinéma. J'ai assisté à des séances très impressionnantes avec des gens que je connaissais bien et qui m'ont marqué. » Mais de quels gens parle-t-il ? Il faudra attendre 2024 pour avoir une piste de réponse...

Premier indice : en 2017, au cours d'une *Leçon de cinéma* à la Cinémathèque, le directeur Frédéric Bonnaud rappelle à Benoît Jacquot une discussion qu'ils ont eue à propos du *Septième Ciel* : « Tu m'avais parlé de cinéma et de psychanalyse, de Jacques Lacan, d'hypnose. Tu m'avais raconté des anecdotes, que tu étais avec ta compagne de l'époque à un dîner de psychanalystes, et que l'un d'entre eux s'était mis à l'hypnotiser à table devant toi et tu m'avais dit : "J'ai vu le moment où il allait la faire jouir et j'ai arrêté ce petit jeu." » Lors de cette conversation, Frédéric Bonnaud fait en réalité allusion à une interview des deux hommes parue vingt ans auparavant dans *Les Inrocks*, en décembre 1997[1]. Benoît Jacquot y raconte ce dîner avec un mystérieux psy : « Je me suis simplement souvenu d'un dîner chez des psychanalystes, avec une amie que j'avais amenée là et qui était totalement innocente de tout ça. Et un psychanalyste, qui se passionnait pour l'hypnose, [...] l'a hypnotisée

1. Frédéric Bonnaud, « Benoît Jacquot – Un nouveau désordre amoureux », *Les Inrocks*, 17 décembre 1997.

par surprise. [...] Et j'ai vu la fille avec qui je vivais depuis des années se retirer en elle. [...] Effectivement cela donnait l'impression que ce type allait la faire jouir. Elle était à ce point parcourue d'elle-même et avec une telle rapidité que j'ai demandé à ce type d'arrêter séance tenante sa manigance ; il commençait à ricaner un petit peu, du genre : "mais si continuons". J'ai menacé d'appeler les flics tellement j'avais le sentiment d'asservissement de quelqu'un que j'aimais. Peut-être que *Le Septième Ciel* part de ça. »

Sept ans plus tard, alors que les affaires Jacquot et Miller viennent de sortir, surgissent d'autres indices. Le 11 février 2024, puis le 17 décembre 2024, l'actrice Judith Godrèche reposte cet entretien filmé à la cinémathèque sur son compte Instagram et corrige le tir : « Il [Benoît Jacquot] parle de son ami Gérard Miller. Il ne s'est rien passé à ce dîner, il "réaménage" la réalité comme d'habitude. À ce dîner, Gérard Miller s'est vanté de ses prouesses. BJ en a fait un film. » Quelques mois après sa première alerte, en décembre 2024, Judith Godrèche réitère ses propos au sein de l'Assemblée nationale devant la Commission d'enquête parlementaire relative aux violences commises, notamment dans le secteur du cinéma : oui, Gérard Miller est bien le psychanalyste dont parle Benoît Jacquot. Lorsqu'on visionne *Le Septième Ciel* ou *Au fond des bois* aujourd'hui, difficile en effet de ne pas ressentir un malaise tant les films font écho aux témoignages glaçants des victimes présumées de Miller. Mathilde, l'une des femmes qui l'accusent de viol, raconte s'être retrouvée, après une séance d'hypnose à son domicile, incapable de réagir : « J'étais comme une poupée de chiffon qu'on déshabille et à qui on peut faire ce que l'on veut. » Comme Joséphine Hugues, cent cinquante ans plus tôt.

Viol sous hypnose : mythe ou réalité ?

Si Miller et Jacquot semblent croire à la possibilité d'une telle suggestion, une question ne nous quitte pas depuis le début de cette affaire : les victimes présumées de Gérard Miller auraient-elles été réellement soumises grâce à l'hypnose ? La majorité d'entre elles affirment pourtant ne pas avoir été vraiment « endormies ». Dans leurs souvenirs, le psychanalyste aurait bien mis en scène des séances de « relaxation », des « tests psychologiques », les faisant s'allonger, leur répétant des phrases apaisantes, leur intimant de fermer les yeux, leur demandant de visualiser des images (le plus souvent un coffre renfermant des secrets, mais aussi un cheval au galop, une plage de sable chaud, etc.), mais selon elles, ce discours serait resté le plus souvent inopérant. Seules quelques-unes se rappellent avoir ressenti un engourdissement, une sensation de brouillard. Plusieurs évoquent également des amnésies ou des trous noirs, ne se souvenant plus de rien ou se réveillant subitement, déshabillées dans un lit à ses côtés, ou sous lui au moment du viol ou de l'agression sexuelle qu'elles disent avoir subi.

Mais est-il vraiment possible de violer une personne grâce à l'hypnose ? Est-il possible de tordre son consentement, de la diriger comme une poupée, et d'effacer au passage le souvenir de cette immense violence ? Pour y voir plus clair, nous avons sollicité des experts de l'hypnose à qui nous avons soumis les éléments décrits par les femmes qui accusent Gérard Miller. Tous émettent de sérieux doutes. Ainsi, pour Jérôme Sackur, directeur d'études de l'EHESS (École des hautes études en sciences sociales) et directeur par intérim du Laboratoire de sciences cognitives et psycholinguistiques, le type d'hypnose qu'aurait utilisé Gérard Miller s'inspire de la technique ericksonienne, « quelque de chose de très banal. C'est une méthode conversationnelle qui n'a rien à voir avec l'hypnose de music-hall, explique le chercheur. Il s'agit, dans un cadre thérapeutique, d'une coopération active entre l'hypnotiseur et le patient, mais elle n'est pas du ressort de la manipulation, elle ne modifie pas l'état de conscience. Cette technique ne peut pas transformer quelqu'un en pantin, ne peut pas déconnecter la volonté des gens. Il n'y a pas d'interrupteur qui ferait que la personne, d'un seul coup, perdrait son contrôle, c'est un mythe. Mais que Gérard Miller ait intégré des techniques d'hypnose à son stratagème de manipulation, c'est autre chose. Le bagou, le statut, le culot, une position de pouvoir et de domination sont des choses qui fonctionnent très bien. En revanche, l'histoire du Docteur Mabuse reste une fiction. »

Même son de cloche du côté de Kévin Finel, directeur de l'Arche (Académie de recherche et connaissances en hypnose ericksonienne) et de Clément Apelian, son directeur de recherche : « Il y a beaucoup de fantasmes liés à l'hypnose spectacle mais c'est rarement de l'hypnose, ils ont recours à des complices, à des tours de magie. On n'obtient pas ce type de résultats en cabinet de consultation. Par ailleurs, la capacité à dire « non » reste la même avec ou sans hypnose. On ne peut pas forcer quelqu'un à désirer quelque chose qu'il n'aime pas, ni à donner son numéro de carte bleue. Si c'était le cas, ce serait extrêmement commun. Mais cela n'existe que dans les films de Woody Allen, c'est de la science-fiction. »

Pourtant, leur fait-on remarquer, il existe bien des cas de transe profonde ou d'anesthésie sous hypnose à l'hôpital. Si cette technique peut effacer la douleur, ne peut-elle pas endormir le consentement ? « Tout cela est possible sur une personne volontaire qui partage le même but que l'hypnotiseur, et avec beaucoup d'entraînement. Avant un accouchement sous hypnose, il y a plusieurs séances de préparation sur plusieurs mois. On ne peut pas hypnotiser quelqu'un par surprise. » Autre écueil que soulève Kévin Finel : les faibles compétences que semble avoir Gérard Miller en la matière. « J'ai lu son livre et je ne pense pas qu'il ait vraiment bien maîtrisé l'hypnose. Il a une vision assez basique et archaïque de cette technique. Il a dû apprendre des rudiments en autodidacte, sans être formé par un maître. Dans cette affaire, il serait plus probable qu'on soit dans le cas d'une soumission à l'autorité. »

Parole, parole, parole

En revanche, s'il y a bien quelque chose que peut maîtriser un psychanalyste aguerri, c'est l'aura qu'il exerce sur les autres, mais aussi le pouvoir des mots. « C'était quelqu'un qui était un peu impressionnant, se souvient Marianne Denicourt. C'est toujours un peu fascinant d'avoir un psy en face de soi, parce qu'on se demande s'il voit des choses que les autres ne voient pas. Les psys ont une sorte de pouvoir dont ils jouent parfois et qui séduit les gens. » La psychanalyste Juliette Niderman-Nguyen, autrice de la tribune parue dans *Le Monde*, abonde : « Notre profession a de l'effet sur les autres. Je le constate au quotidien. Ils peuvent être attirés, ils peuvent avoir le sentiment qu'on a des réponses à leurs questionnements. En général, nous avons conscience du pouvoir que l'on possède, aussi bien dans nos cabinets qu'en dehors. Lorsqu'on est psychanalyste, il est possible de repérer les personnes qui vont mal, de leur poser des questions qui font mouche. Le transfert existe en dehors du cabinet. Quand on dit : "Je suis psychanalyste", il y a déjà toute une histoire que la personne peut se raconter. » La psychanalyse, utilisée à mauvais escient, pourrait donc donner des compétences pour manipuler des personnes fragiles ? « On sait écouter les mots, c'est rare, les gens qui écoutent, poursuit Juliette Niderman-Nguyen. L'objet de la psychanalyse, c'est la parole, le désir. L'utiliser avec des femmes beaucoup plus jeunes, c'est un abus de pouvoir évident. La psychanalyse n'est pas protégée par un diplôme, et c'est intéressant, mais cela veut dire qu'elle n'est protégée que par notre éthique. Nous tentons donc de repérer nos propres risques d'abus de pouvoir. »

Ainsi, les femmes qui ont témoigné sont nombreuses à évoquer le discours « rodé » de Gérard Miller, les questions dont il les bombarde, sa voix doucereuse qui les rassure, son charme qui opère. Mais pas seulement. Bénédicte, qu'il aurait invitée à un spectacle, se souvient : « Il s'est dirigé vers nous, et a commencé à nous parler. Rapidement, il nous a demandé ce que nous faisions dans la vie, il s'est vaguement intéressé à nous puis, très vite, il a voulu savoir ce que nous faisions le soir même.

Nous devions prendre un train dans l'après-midi pour rentrer chez nous, en province. Il a alors insisté pour que nous restions à Paris, il a pris son téléphone pour réserver des places pour aller voir sur scène son "ami" Marc Jolivet, il a ensuite téléphoné à la personne qui s'occupait de son domicile et lui a demandé de nous préparer une chambre. Il parlait, parlait sans arrêt, il insistait, prenait toutes les décisions, et nous, nous étions presque sans voix. Sous contrôle en quelque sorte. Nous sommes sorties de ce moment dans un mélange d'étonnement et de sidération. C'est au bout de quelques heures que nous avons pris peur. Nous étions en chemin pour aller à ce rendez-vous, et nous nous sommes dit que toute cette histoire n'avait pas de sens et que tout cela ressemblait à un piège. Nous n'y sommes pas allées et je sais aujourd'hui que nous avons bien fait. »

Ce récit conforte l'hypothèse de Kévin Finel, spécialiste de l'hypnose : « Cela fait vraiment penser à la technique de saturation utilisée par certains commerciaux agressifs. Il s'agit de techniques pour forcer la vente en créant un épuisement avec des discours très longs qui font perdre les capacités de résistance, le libre arbitre ; les personnes se sentent coincées. » Comme piégées. « Tous les voyants étaient au rouge mais nous y sommes quand même allées, se rappelle Stéphanie qui affirme s'être retrouvée chez lui avec une amie pour une séance d'hypnose. À chaque étape, je me disais : "Qu'est-ce qu'on est stupides d'y aller !" Je me rappelle très bien cette manipulation très fine et sournoise. C'est en ça que cet homme est dangereux. »

Sidération, dissociation et psycho-trauma

Pour la psychiatre Muriel Salmona, spécialiste des violences sexuelles, le récit des victimes présumées de Gérard Miller illustre parfaitement d'autres phénomènes psychologiques et neurologiques qu'elle s'attelle à faire reconnaître auprès de la justice depuis des années. Des phénomènes qui expliquent comment des personnes se retrouvent paralysées et complètement soumises à leur agresseur. « Face à une violence soudaine, il y a d'abord un phénomène de sidération, une paralysie physique et mentale ; ce qui arrive est si violent, si stressant que le cerveau ne parvient pas à l'intégrer et disjoncte pour se protéger, explique-t-elle. On peut mourir de sidération, c'est une alarme qui hurle et votre organisme se met à sécréter des hormones de stress à un niveau qui représente un risque vital. Après cette disjonction arrive la dissociation. Il s'agit d'une anesthésie émotionnelle. Les victimes deviennent d'un seul coup spectatrices des choses qu'elles subissent, elles sont dévitalisées, un peu comme des robots, et vont obéir.

Elles ont conscience de ce qui leur arrive mais n'ont plus d'émotions pour pouvoir se défendre. »

Aurélie raconte qu'une fois dans la loge du chroniqueur, il lui aurait sauté dessus sans crier gare : « Il m'a plaquée sur le sol, tripotée partout. J'étais complètement inerte, je me suis laissé faire, je ne comprenais rien à ce qui m'arrivait. Il m'a touché les seins, le sexe mais j'étais sonnée, je me sentais comme un chiffon. Il s'est arrêté quand on l'a appelé pour retourner en plateau. » Selon Muriel Salmona, la dissociation, mécanisme de sauvegarde du cerveau, est très dangereuse « car on ne peut plus bouger, on obéit à son agresseur. S'il dit : “Suis-moi, mets-toi à genoux et ouvre la bouche”, on le fait car on ne ressent plus la peur, ni la douleur. J'ai suivi plusieurs patients et patientes blessés au Bataclan, qui sont restés pendant une heure trente avec des blessures atroces sans ressentir la moindre souffrance mais, cette fois, la dissociation les a sauvés puisqu'ils n'ont pas bougé, pas hurlé, pas gémi. C'est ce que j'explique aujourd'hui dans les cours d'assises, poursuit Muriel Salmona. Les agresseurs disent : “Bah oui, c'est elle qui s'est déshabillée toute seule.” Ils instrumentalisent les effets du trauma contre les victimes. »

Quid également des amnésies que certaines décrivent ? Charlotte : « Il m'avait fait descendre dans sa salle de cinéma au sous-sol, à partir de là, j'ai un trou noir. Quand je me réveille, je suis allongée dans un lit, dans une chambre avec de la lumière rouge, à l'étage. Je suis en culotte, mon pantalon sur les chevilles, il me masse les fesses, le dos à califourchon sur moi. Je suis dans le gaz, je ne bouge pas et j'essaie, en vain, de réfléchir à comment me sortir là. » Elle est finalement sauvée par la sonnerie de la porte qui retentit. Si ces black-out ne sont pas le fruit de l'hypnose, pourraient-ils être l'effet d'une drogue comme certaines le soupçonnent ? Pas nécessairement. Muriel Salmona explique : « La sidération peut agir comme une drogue : elle libère un cocktail morphine-kétamine très puissant qui peut créer des trous noirs. On peut aussi souffrir d'une amnésie traumatique dissociative. Il y a alors une perte de conscience, on est dans un brouillard absolu, dans un état comateux. On est là sans être là. L'amnésie traumatique est souvent partielle et elle touche les faits les plus graves. Des souvenirs peuvent remonter à partir du moment où tout s'éclaire, quand la vérité apparaît. »

Cette réminiscence douloureuse a touché nombre des victimes présumées après la parution du premier volet de notre enquête dans *Elle*. Appel après appel, elles racontaient le choc ressenti à la lecture de notre article, le souffle coupé, les malaises, la nausée, les souvenirs enfouis refaisant soudain surface. « Ces sensations, c'est en fait la douleur vécue qui remonte, explique Muriel Salmona. Ces retours d'amnésie traumatique font revivre les événements et c'est à ce moment-là que les victimes s'effondrent vraiment. » Beaucoup de témoins de cette affaire disent en effet qu'elles vont mal depuis sa révélation. « Avant, elles étaient encore déconnectées de leurs émotions, poursuit Muriel Salmona. Les victimes arrivent à vivre, à donner le change, sauf qu'en réalité elles ne vont pas si bien. Quand on discute avec elles, on découvre que plein de choses n'allaient pas dans leur vie. »

La puissance du patriarcat

Mais se limiter à l'analyse des talents supposés de l'hypnotiseur ne suffit pas à expliquer pourquoi tant de jeunes femmes se seraient retrouvées piégées, se seraient laissées faire par un homme qui n'a pas recours à la violence physique. Cette affaire met en lumière un aspect douloureux des violences sexuelles, un angle mort qui provoque chez de nombreuses victimes un immense sentiment de culpabilité et d'incompréhension : la soumission intériorisée des femmes. Les dizaines de récits que nous avons recueillis au fil des mois le disent avec des mots simples, des phrases qui reviennent en boucle, disque rayé du trauma : « Je ne savais pas à quel moment dire non », « Je ne pouvais pas réagir », « Je ne savais pas comment faire pour l'arrêter », « Je me sentais mal à l'aise, mais je suis restée. » Les mêmes remords, *ad nauseam.*

Dans son essai *Un corps à soi*[1], la philosophe Camille Froidevaux-Metterie interroge cette passivité, malédiction de la condition féminine. Elle écrit à propos du *Deuxième sexe* de Simone de Beauvoir : « Il s'ouvre par la formule fameuse : "On ne naît pas femme : on le devient", pour montrer comment la vocation de la fillette lui est "impérieusement soufflée" dans ses premières années. Tout comme sa poupée qui préfigure son état futur de chose passive, elle sera "encouragée à s'aliéner dans sa personne tout entière et à considérer celle-ci comme un donné inerte". » En tant que femme, en effet, nous sommes sociabilisées selon des stéréotypes de genre puissants, ancestraux : une fille doit être sage, faire plaisir aux autres, être discrète, obéir à son papa, à son mari, à son patron, à tous les hommes, et même à son agresseur.

Selon Camille Froidevaux-Metterie, les femmes sont ainsi conditionnées pour être « des corps à disposition », des corps dont les hommes peuvent se servir à leur guise. Dans *King Kong théorie*[2], Virginie Despentes, qui revient sur le viol collectif qu'elle a subi, maudit, elle aussi, cette soumission : « J'aurais préféré, cette nuit-là, être capable de sortir de ce

1. Seuil, 2021.
2. Grasset, 2006.

qu'on a inculqué à mon sexe et les égorger tous, un par un. Plutôt que vivre en étant cette personne qui n'ose pas se défendre, parce qu'elle est une femme, que la violence n'est pas son territoire, et que l'intégrité physique du corps d'un homme est plus importante que celle d'une femme. [...] À ce moment précis, je me suis sentie femme, salement femme, comme je ne l'avais jamais senti et comme je ne l'ai plus jamais senti. Défendre ma propre peau ne me permettait pas de blesser un homme. Je crois que j'aurais réagi de la même façon s'il n'y avait eu qu'un seul garçon contre moi. C'est le projet du viol qui refaisait de moi une femme, quelqu'un d'essentiellement vulnérable. »

7

Sa légitime défense

« Je n'ai jamais abusé sexuellement de quiconque, et ce en aucune circonstance. »

Gérard Miller dans son premier démenti

L'obligatoire contradictoire

Lorsqu'un homme est accusé d'avoir commis des violences sexuelles dans le cadre d'une enquête, la déontologie journalistique impose qu'on lui donne l'occasion de se défendre, puis qu'on intègre sa réponse dans l'article. C'est ce qu'on appelle, dans notre jargon, le contradictoire. Plusieurs cas de figure se présentent alors : le mis en cause peut nier avec énergie, reprocher aux accusatrices de mentir, de se venger d'avoir été quittées ou trompées. S'il estime que l'article est un tissu de mensonges non étayés, il a la possibilité de poursuivre les journalistes ou ses accusatrices en diffamation, d'intervenir dans un grand média pour donner sa version des faits, ou au contraire de faire tout de suite appel à un bon avocat avant de se murer dans le silence. Chez Gérard Miller, rien de si frontal. Sa défense est à son image : subtile, argumentée. Mais derrière un rideau de mots féministes et progressistes se cache finalement une défense relativement classique.

Couper l'herbe sous le pied

Le 30 janvier 2024, la veille de la publication de notre premier article le concernant, Gérard Miller écrit à son entourage. La liste des destinataires est chic et clinquante. Il y a le monde de la télé, ceux qu'il a croisés chez Michel Drucker ou sur France Inter, les anciens camarades de la fameuse bande de Laurent Ruquier, mais aussi une partie de la gauche (écolos, insoumis), et bien sûr des psys. Le courriel, intitulé « Pour information », les avertit que le magazine *Elle* va publier une enquête le concernant, dans laquelle il sera « accusé d'agressions sexuelles, et même d'un viol ». Voici ce qu'il écrit alors : « Depuis six ans, le polémiste antisémite Alain Soral m'accuse dans une vidéo qui circule sur tous les réseaux sociaux d'extrême droite, d'avoir abusé d'une femme [Muriel Cousin] endormie sous hypnose dont il affirme avoir été l'amant. » Trois axes de défense sont rassemblés dans cette courte phrase : l'accusation est ancienne (six ans), déjà connue de tous (« tous les réseaux sociaux ») et vient de l'extrême droite antisémite, à savoir du polémiste Alain Soral.

Spoiler une enquête avant sa parution est une méthode déjà utilisée par d'autres hommes mis en cause dans des affaires de violences sexuelles. Le 24 novembre 2021, Nicolas Hulot, visé par un reportage d'*Envoyé spécial*, s'était invité sur le plateau de BFM TV, dans l'émission de Bruce Toussaint, pour éventer le scoop de France 2 et dénoncer de fausses accusations (l'enquête le concernant a depuis été classée sans suite pour cause de prescription). Une façon offensive de reprendre le contrôle du narratif, de casser l'effet de surprise tout en discréditant, à l'avance, la version qui sera celle de l'enquête journalistique. Ici, Gérard Miller clame que l'une des femmes qui témoignent contre lui, Muriel Cousin, est proche d'Alain Soral, polémiste d'extrême droite antisémite qui voudrait le déstabiliser lui, homme de gauche et Juif. Espère-t-il fournir ainsi des éléments de langage à des proches ou des partisans, pour qu'ils les relaient et les diffusent ?

D'ailleurs, Gérard Miller ne se borne pas à écrire à ses connaissances. Il mobilise aussi par avance sa *fan base* sur le réseau X (anciennement Twitter), cet espace à la fois très politisé et polarisé. Le 26 janvier, soit le lendemain de notre message l'informant de notre enquête et assorti de nos questions, il publie un tweet à l'attention de ses 72 000 abonnés : « Deux journalistes du magazine *Elle* m'informent, sans me donner de précisions, qu'elles vont publier un article me mettant gravement en cause. Dès que j'aurai eu connaissance de l'article, je réagirai dans les meilleurs délais ici même. » Ici, point de mention d'un complot d'extrême droite mais la posture d'un homme à qui l'on n'a « pas donné de détails » et donc dans l'impossibilité de se défendre. La mention du « magazine *Elle* » n'est, en outre, peut-être pas tout à fait innocente : elle déclenche en tout cas quelques réactions misogynes : « Le magazine *Elle* ? Vous avez critiqué une tisane bien-être ? Ou un régime ? Je ne vois que ça », lui écrit l'un de ses *followers*. « C'est une opé [*sic*] de destruction massive contre les insoumis et tous ceux qui les fréquentent », affirme un autre, prêt à relayer la stratégie du complot politique.

Dans son unique échange avec nous, Gérard Miller se montre beaucoup moins disert. Sans nous appeler ni nous demander plus de précisions, il se contente de réfuter les accusations que portent les femmes : « N'ayant jamais abusé sexuellement de quiconque, et ce en aucune circonstance, je suis dans l'incapacité de "(m')exprimer et de réagir à ces accusations" comme vous me le demandez, mais sans rien me dire de précis », nous écrit-il le 25 janvier.

Un apparent soutien à #MeToo

Le 31 janvier 2024, nous publions une dizaine de témoignages rapportant un viol, deux agressions sexuelles, et de multiples propositions d'hypnose à de jeunes actrices du film *Terminale*, sorti en 1998, réalisé par Francis Girod et dont Gérard Miller est le coscénariste. L'intrigue met en scène Caroline, une lycéenne fragile qui entame une relation avec son professeur de philosophie quinquagénaire, et qui se suicide en plein cours, en sautant dans le vide. Le casting est alors composé d'une joyeuse bande de jeunes acteurs, filles et garçons à peine sortis de l'adolescence. Plusieurs comédiennes nous ont parlé du comportement de Gérard Miller, qui les invite dans son fameux hôtel particulier, leur propose des séances d'hypnose, les drague lourdement. Une actrice décrit une agression sexuelle, avant de retirer son témoignage, effrayée. Anna Mouglalis, peu suspecte d'être liée à la fachosphère, témoigne en *on*, sous son vrai nom, d'une proposition d'hypnose, assortie d'une menace de donner ses répliques à une autre actrice.

Face à ces témoignages nombreux et circonstanciés, Gérard Miller adapte son discours. Peu de temps après la parution de notre article, il se fend sur son compte X d'un communiqué au ton différent, et particulièrement précautionneux : « Ma réaction immédiate est simple : je prends acte de ce qu'elles ont ressenti et ressentent encore aujourd'hui, personne ne saurait en témoigner à leur place. Je sais que depuis le début du mouvement #MeToo, des paroles essentielles ont émergé, qui remettent en cause la façon dont les rapports hommes-femmes sont constitués dans notre société. » À première vue, on pourrait s'y méprendre : les émotions des victimes présumées ne sont pas niées, le bien-fondé du mouvement #MeToo est salué, tout comme la libération de la parole. Le chroniqueur poursuit en affirmant qu'il appartient à une autre génération, « celle qui avait 20 ans en 1968 », et qui doit « interroger [ses] comportements à l'aune de ce que les femmes disent à présent, et, si ce n'est déjà fait, en changer radicalement ». Pour autant, il clame sa « conviction de n'avoir contraint personne, prenant au pied de la lettre tout embarras, tout refus, et ce tout particulièrement quand [il] s'engageait sur le chemin de la séduction ». « De mes rencontres avec les femmes que j'ai connues à ce jour, du premier au dernier instant où nous avons été ensemble, j'ai été attentif au moindre accusé de réception négatif de leur part », ajoute Gérard Miller.

Bérénice Hamidi, professeure des universités à Lyon-2, membre de l'Institut universitaire de France et spécialiste des représentations culturelles, y voit un double discours et une « rhétorique perverse » : « Au premier abord, il semble donner du crédit aux émotions de ces femmes, en disant qu'elles les ont réellement éprouvées. Mais en même temps, il ne reconnaît aucun fait. C'est un *gaslighting* assez subtil, il reconnaît sans reconnaître, et laisse planer le doute sur le fait que ce problème ne vient pas de ses actes mais du ressenti de ces femmes. » L'expression provient du film *Gaslight*, un thriller psychologique sorti aux États-Unis en 1944 et réalisé par George Cukor, où un mari manipule sa femme au point de la faire douter de toutes ses émotions et de sa perception de la réalité.

Interrogé dans *Elle*, en février 2024, le professeur en communication Philippe Moreau-Chevrolet qualifie cette défense de « masculinisme dans un bas de soie ». L'expert est aussi interpellé par un autre passage de ce (long) communiqué, où Gérard Miller fait à nouveau mention de l'essayiste d'extrême droite Alain Soral : « En un sens, on pourrait dire qu'il utilise un *dog whistle*, parce qu'il se positionne en homme de gauche fustigé par une figure de l'extrême droite. » Un *dog whistle* est un langage codé souvent utilisé en politique pour faire passer des messages cachés. Il précise : « C'est un appel du pied à sa base de soutien. » D'autant que Gérard Miller répète, comme il l'a déjà dit dans le mail envoyé à ses proches, que l'une de ses accusatrices, Muriel Cousin, aurait eu une relation avec Alain Soral. « C'est encore une fois une manière d'affaiblir sa parole. Nous ne sommes pas loin du complotisme, finalement. Il suggère des choses à certaines personnes averties qui en saisiront le sens caché. Le sous-texte est clair : "Et si j'étais victime d'un complot d'extrême droite ?" »

Gérard Miller s'attache aussi à répondre sur une imputation précise : l'hypnose. « Les seules séances que j'ai organisées l'ont été sans exception en public, devant les étudiants de mes cours à l'université où j'étais professeur. » Dans le cadre privé, affirme le thérapeute, il s'est toujours agi d'autre chose : d'un « jeu », de « tests élémentaires », ou de « moments ludiques ». « Celui qui acceptait de s'y livrer, écrit-il, était parfaitement conscient, en totale possession de ses moyens. » Dans ce passage, le psychanalyste semble déjà préparer sa défense pénale, car avoir modifié l'état de conscience d'une femme avant d'avoir des relations sexuelles avec elle pourrait constituer une circonstance aggravante devant un tribunal. Enfin, le chroniqueur finit par reconnaître un « rapport inégalitaire », une « dissymétrie objective » avec des femmes beaucoup plus jeunes que lui, psychanalyste, universitaire, auteur, chroniqueur, et donc homme de pouvoir. Une dissymétrie qui aurait pu conduire ses dernières à ne pas pouvoir exprimer leur refus, et même « à répondre oui aux questions qu'[il] [leur] pose ». Un argument qu'il développera de façon beaucoup plus complète dans les jours suivants.

Rapports de « séduction » inégalitaires

Le 6 février 2024, *Mediapart* publie dix nouveaux témoignages de femmes accusant Gérard Miller d'agressions sexuelles et de comportements inappropriés, et annonce qu'une plainte a été déposée au parquet de Paris. Le site d'investigation publie aussi les réponses de Gérard Miller, sous la forme d'une lettre de six pages, présentant une ligne de défense beaucoup plus argumentée et réfléchie.

Là encore, il ne nie pas la souffrance de ces femmes, rend hommage au mouvement #MeToo, tout en précisant au détour d'une phrase qu'elles évoquent des faits remontant à trente ans, une manière de sous-entendre qu'ils sont prescrits. Mais le psychanalyste s'inscrit également dans une génération d'hommes qui a eu 20 ans en 1968, et qui, tout en ayant voulu « rompre avec le vieux monde », a « perpétué un système culturel où le désir masculin prédominait sur le désir féminin ». Des hommes, poursuit le chroniqueur, quelque part victimes « d'un aveuglement collectif dans les rapports qu'ils ont entretenus avec les femmes ».

Charlotte Buisson, doctorante en sciences de l'information et de la communication à l'université Paris-Panthéon-Assas, a travaillé, dans le cadre de sa thèse, sur la défense de Denis Baupin, ancien adjoint au maire à la mairie de Paris, membre du parti écologiste Les Verts, et accusé d'agressions sexuelles par huit élues et collaboratrices de son parti (pour quatre d'entre elles, l'enquête a été classée sans suite pour cause de prescription. Il a été condamné pour procédure abusive en 2019 pour sa plainte en dénonciation calomnieuse contre ses accusatrices). Elle note des similitudes dans les défenses médiatiques de ces deux hommes de gauche : « Comme Denis Baupin, il apporte un hommage appuyé aux luttes féministes, mais il intègre aussi dans son argumentaire sa conscience des rapports de domination et de genre. C'est une défense très habile, on voit que c'est un homme doté de ressources importantes, bien inséré dans les arènes de gauche, il maîtrise les mots et la rhétorique. Pour autant, même s'il reconnaît une différence d'âge et de pouvoir avec ces femmes, il le justifie par une lecture de l'époque, sans mentionner le fait que c'était déjà illégal et problématique de toucher quelqu'un sans son consentement. »

Derrière ce plaidoyer en faveur de #MeToo se cachent aussi une réinterprétation et une reformulation des témoignages recueillis. Là où les femmes interrogées parlent de viols et d'agressions sexuelles, Gérard Miller évoque « un grand nombre de rencontres, attractions et aventures, [...] d'autant plus problématiques aujourd'hui où toutes les relations de séduction sont avec raison interrogées, que le seul syntagme "un grand nombre" vaut déjà réprobation ». Là encore, sa défense fait écho à celle de Denis Baupin, qui a parlé dans une interview donnée en juin 2016 au *Nouvel Obs* de « libertinage incompris ». « Gérard Miller dit même un peu plus loin dans cette lettre que le mot "draguer" est lui-même devenu "péjoratif". On croit presque entendre en arrière-fond la vieille rengaine : "On ne peut plus rien faire, on ne peut plus rien dire", sourit la chercheuse. Or je ne connais pas de féministe qui dise qu'il ne faut plus draguer ! » Le dragueur repenti ajoute : « Au-delà des liens durables qu'un homme peut établir, s'il a multiplié tout au long de sa vie les relations avec des femmes, cela signifie que l'attention qu'il a portée à chacune, même si elle était à chaque fois sincère et respectueuse, ne pouvait qu'être éphémère et donc regardée aujourd'hui comme sujette à caution. »

Victoire Tuaillon, autrice féministe qui s'intéresse à la construction des masculinités, créatrice du podcast *Les Couilles sur la table* (Binge Audio), ose un parallèle avec la défense de Salim Berrada, surnommé par la presse « Le violeur de Tinder », condamné en première instance à dix-huit ans de réclusion criminelle (ses avocats ont fait appel) : « Il s'est toujours défendu en disant : "J'ai été un goujat, ce sont des amoureuses éconduites, je n'ai pas pris soin d'elles, je les ai mises dehors trop vite après le rapport sexuel. Elles ont réinterprété comme un viol ce qui était du sexe désagréable pour elles." Finalement, conclut

Charlotte Buisson, on voit qu'un travail s'est opéré à la lumière de toutes les affaires auxquelles on a assisté ces cinq dernières années. On a l'impression que Gérard Miller pioche dans les rhétoriques féministes et les argumentaires de défense qu'il a pu lire ailleurs. Il a dû s'inspirer notamment des critiques faites à d'autres hommes mis en cause dans des scandales sexuels, afin de ne pas tomber dans les écueils habituels. »

S'est-il fait aider par un avocat pour rédiger ces différents courriers ? Avant d'envoyer sa réponse à *Mediapart*, il l'a en tout cas fait lire à Isabelle Alonso, autrice et militante féministe de la première heure, et ancienne collègue de l'émission *On a tout essayé* : « Il m'a demandé ce que j'en pensais, nous confie l'ex-chroniqueuse. Je lui ai répondu que de toute façon, je ne voyais pas ce qu'il pouvait dire d'autre. C'était la seule façon de ne pas les traiter de menteuses, tout en affirmant à la fois qu'il n'était pas coupable. Donc je lui ai dit voilà, c'est habile. Et c'est la dernière fois que je lui ai parlé. »

Les mensonges en filigrane

Gérard Miller s'abstient-il vraiment de traiter ces femmes de menteuses ? « Sa ligne de défense, une fois qu'on a retiré toutes les phrases parasites, consiste à dire qu'elles mentent », tranche Charlotte Buisson. Les derniers paragraphes de la lettre envoyée à *Mediapart* sont consacrés aux supposées incohérences et aux failles dans les témoignages de la vingtaine de femmes qui se sont exprimées à la date du 6 février 2024. Gérard Miller invoque d'abord sa propre personnalité : « En lisant certains des propos rapportés, je ne reconnais ni ma façon d'être, ni mon attitude, ni mes gestes, mais pas davantage mes expressions, mes phrases, mon ton. » Quelques mois plus tard, le 27 septembre 2024, Nicolas Bedos dira exactement la même chose lors de son procès pour agressions sexuelles devant le tribunal correctionnel de Paris (il a été condamné à un an de prison, dont six mois avec sursis, assorti d'une obligation de soins.) : « Une agression sexuelle, ça ne me ressemble en rrrien » (en roulant les R). Tout en disant n'avoir conservé aucun souvenir de la scène, en raison d'une dose massive d'alcool ingérée, le réalisateur a soutenu que l'agression sexuelle n'avait pu exister, tout simplement parce que ça ne lui ressemble pas.

Le psychanalyste s'emploie par ailleurs à remanier certains éléments des articles d'*Elle* et *Mediapart*. Là où nos deux médias évoquent son hôtel particulier du 11e arrondissement, et plus particulièrement sa pièce au sous-sol équipée d'un home cinéma et d'un bar, Gérard Miller clame que l'on jette « un manteau d'ombre » sur « la maison qu'[il] habite depuis trente-trois ans », et sur cette pièce, présentée comme « un lieu inquiétant », « un laboratoire secret » ou « un caveau ». Une façon de détourner l'attention sur le fait qu'une quinzaine de femmes venues de villes et de milieux très différents ont décrit de façon très précise ce salon au sous-sol, sans jamais s'être parlé.

Enfin, dans une démarche plus classique bien connue des avocats pénalistes, le thérapeute pointe certaines erreurs de description (une cuisine américaine décrite en 2003 mais qu'il n'a eue qu'en 2010, un verrou sur sa porte qui n'aurait en fait jamais été posé). De même, alors que Mathilde, qui l'accuse de l'avoir violée à l'âge de 19 ans lors d'une séance d'hypnose, décrit les images mentales qu'il lui a demandé d'imaginer, à savoir un « désert avec un cheval », il affirme que cela ne correspond pas à de l'hypnose, mais à « un test de personnalité, connu sous le nom de "test du cube" ». Il ne dit pas toutefois s'il a effectivement pénétré la jeune fille sans son consentement, comme elle l'affirme. Rappelons qu'en droit français, une personne poursuivie en justice a le droit de se défendre comme elle l'entend, d'employer tous les moyens possibles. C'est aussi le nôtre d'analyser sa façon de se défendre. Le 8 février, deux jours après l'article de *Mediapart*, nous avons publié une nouvelle enquête dans laquelle quarante et une femmes témoignaient contre Gérard Miller. Le 29 février, nous publiions treize nouveaux récits de femmes. Nos demandes de contradictoire sont à chaque fois restées sans réponse.

Suite à l'ouverture d'une enquête par le parquet de Paris, Gérard Miller a pris les conseils d'une avocate. Cette dernière est membre de la Black Robe Brigade, collectif informel d'avocats ancrés à gauche, qui agitent leur drapeau noir siglé d'une tête de mort dans les manifs contre la réforme des retraites ou la loi sur la sécurité globale. Elle s'appelle Louise Tort, un patronyme qui interpelle quand on sait que, pour un psychanalyste lacanien, chaque mot trahit notre inconscient. Maître Tort lui a depuis conseillé de garder le silence. Gérard Miller réserve désormais sa parole à l'institution judiciaire, et n'a pas souhaité répondre sur les nouvelles accusations de violences sexuelles révélées dans ce livre. Dans un mail du 13 janvier 2025, Louise Tort nous écrit : « Le respect du contradictoire est une exigence de justice absolument fondamentale et si ce n'est le nom que vous lui donnez, rien dans vos mises en demeure de grands inquisiteurs ne peut être qualifié ainsi. C'est pourquoi je n'y ai en effet pas répondu jusque-là et il est évident que s'agissant de toute la première partie de vos accusations, [concernant les nouvelles victimes présumées] je ne ferai pas autrement. »

8

Trente ans, et pas une plainte ?

« Il ne me serait jamais venu à l'idée de porter plainte. À l'époque, on ne le faisait pas. »

Muriel Cousin

« Il y avait une montagne d'a priori » (Carole Masliah, avocate)

Elles sont si nombreuses à nous appeler. Elles sont si marquées, blessées, même des années après. Pourquoi ont-elles gardé ce secret, cadenassé leur parole, alors que Gérard Miller, lui, distribuait la sienne sur les plateaux de télévision, dans tous les cercles de pouvoir, médiatique, universitaire et politique ? Il y a d'abord la crainte de s'attaquer à un homme puissant. « Il était très connu, et je partais du principe qu'on n'allait pas me croire », explique Mathilda, dont le petit copain de l'époque avait tout de même envoyé au psychanalyste une lettre disant : « Tu t'appelles peut-être Gérard Miller, mais tu n'as pas tous les droits. »

« On a eu peur qu'elle se casse les dents face à une célébrité », raconte Christine, la mère d'Audrey*, issue d'un milieu modeste, venue d'un petit village de la Meuse. Il y a aussi la honte. Honte d'être allée de son plein gré dans ce bel hôtel particulier, d'avoir accepté une invitation à déjeuner, et surtout de s'être prêtée à ce jeu, l'hypnose. « Avec le recul, c'était évident, ce qu'il allait me faire, mais je ne l'ai tout simplement pas vu venir », dit tristement Mathilda. La plupart des témoins concèdent qu'elles n'ont même pas pensé à pousser la porte d'un commissariat. « J'en ai toujours parlé autour de moi, mais il ne m'est jamais venu à l'idée de déposer plainte. À l'époque, on ne le faisait pas, et puis je n'avais pas tellement envie d'être dans une position de victime », rapporte Muriel Cousin. « Les parents ne réagissaient pas comme ils le font aujourd'hui, explique Marie-Hélène*. Ils n'appelaient pas la police, ils minimisaient. C'était comme ça, malheureusement. Aujourd'hui, j'ai deux filles et deux belles-filles, et s'il leur arrivait un truc pareil, je défoncerais tout le monde. »

Pour pouvoir parler, encore faut-il être convaincue que la police, la justice et la société tout entières soient prêtes à vous entendre. En 1983 sort un documentaire de Raymond Depardon intitulé *Faits divers*. Le cinéaste s'est immergé plusieurs semaines au sein du commissariat du 5e arrondissement de Paris pour y filmer le quotidien des policiers. On y croise notamment une jeune femme venue déposer plainte pour un viol. Le policier qui l'accueille la sermonne d'un ton paternaliste et moralisateur : « Il faut savoir, Mademoiselle, que le viol, c'est un crime. Ce garçon risque de se retrouver en taule, parce qu'il a fait l'amour avec vous alors que vous n'étiez pas d'accord, ça fait beaucoup, hein ? » Le fonctionnaire compte ensuite organiser une entrevue, où chacun va « s'excuser », y compris la victime, « parce que quand même, vous lui avez fait passer une sacrée soirée ». Dans les années 2000, ce genre de scène est encore courante, affirme Carole Masliah, avocate spécialisée dans l'accompagnement de victimes de violences sexuelles. « Avant, il y avait une montagne d'a priori à surmonter pour les victimes qui se présentaient dans les commissariats, éteintes et psychologiquement atteintes. On en était encore au syndrome de la jupe courte ; on se demandait si la femme ne l'avait pas un petit peu cherché. Dans les affaires de viol, on savait que la plupart du temps, s'il n'y avait pas un dépôt de plainte immédiat, avec des blessures, des traces de violences, des preuves matérielles, c'était voué à l'échec. Il y avait ce culte du silence, de la honte, les femmes essayaient de se soigner plus ou moins seules. »

La plainte enterrée

Et pourtant... Une femme a bravé tous ces obstacles et franchi le pas, en 2003. Vanessa* nous contacte peu après la publication de notre deuxième enquête, très en colère. Le récit qu'elle nous livre nous stupéfie, tant nous étions persuadées qu'aucun signalement n'avait jamais été fait auprès de la justice. Lorsqu'elle était âgée de 19 ans, en 2003, Vanessa affirme avoir déposé plainte pour agression sexuelle contre le célèbre psychanalyste. Son histoire commence comme celle des autres victimes présumées. En mai 2003, la jeune étudiante en langues vient d'achever ses partiels à la faculté de Nanterre. Elle flâne avec une amie dans le quartier de Pigalle. En passant devant le Moulin-Rouge, elles sont abordées par des assistants de l'émission de Laurent Ruquier *On a tout essayé*, sur France 2. Ils cherchent à remplir les bancs du public. Les jeunes filles acceptent avec enthousiasme. Sur le plateau, l'un des chroniqueurs, Gérard Miller, est particulièrement amical. Il leur demande d'où elles viennent, pose des questions sur leurs études, leur organise une visite exclusive de sa loge en fin d'émission. Puisqu'elles ont fini leurs partiels et qu'elles ont du temps libre, le quinquagénaire leur propose même de devenir « testeuses de spectacles », d'aller voir gratuitement des pièces de théâtre ou des *one man shows* pour dire aux chroniqueurs de l'émission ce qu'elles en pensent. Elles n'ont qu'à passer à son bureau pour voir les modalités avec sa secrétaire.

Le psychanalyste écrit son numéro de téléphone sur des petits bouts de papier, leur donne une adresse dans l'Est parisien. Dans les quinze jours qui suivent, il leur envoie des SMS au ton toujours très professionnel, pour prendre des nouvelles, et organiser le fameux rendez-vous à son bureau. Le jour J, les deux étudiantes passent les grilles du grand portail de son hôtel particulier, situé dans le 11e arrondissement. Les lourdes portes se referment derrière elles. Dix à quinze mètres les séparent de l'entrée de la maison, soit quelques secondes de marche, le temps de comprendre où elles sont : « Oh putain, mais en fait, c'est chez lui », souffle l'amie de Vanessa, le cœur lesté d'une inquiétude.

À l'intérieur, nulle secrétaire à l'horizon. Gérard Miller, fidèle à son scénario, leur aurait fait visiter son magnifique hôtel particulier, y compris la salle au sous-sol équipée d'un home cinéma. La visite se poursuit à l'étage, dans une pièce japonisante aux couleurs rouges. Vanessa se souvient d'un jardin zen japonais avec du sable, et de plusieurs livres sur l'hypnose posés sur un grand bureau. « Les choses sont allées crescendo, nous dit-elle aujourd'hui. Il nous a invitées progressivement à faire ce qu'il voulait. »

Voilà que le psychanalyste leur aurait parlé de l'hypnose, il est certain de réussir à les hypnotiser, voudraient-elles essayer, pour s'amuser ? Mal à l'aise, les deux jeunes femmes, en élèves sérieuses et bien élevées, ne savent pas comment dire non. Elles se seraient allongées sur le lit. Vanessa décrit ainsi la suite : le chroniqueur leur demande de fermer les yeux, d'imaginer une plage de sable fin. Tour à tour, il se met à califourchon sur elles, dégrafe leur soutien-gorge, les masse, leur touche la poitrine, tout en leur posant de multiples questions sur leur vie, et notamment sur leur virginité. « Je lui ai dit que j'avais un petit ami, mais que j'étais vierge, nous confie Vanessa. Je sentais son sexe dur contre ma cuisse, je ne savais même pas ce que c'était. »

Loin d'être hypnotisées, les deux amies, allongées côte à côte, se seraient regardées. « On subissait, se rappelle Vanessa. J'étais comme dissociée de mon corps, je voyais la scène de l'extérieur, et je pensais à sauter par la fenêtre, à trouver un objet pour le planter s'il essayait d'aller plus loin. »

Mais un miracle va se produire : son téléphone sonne. C'est son petit copain qui veut prendre de ses nouvelles. Vanessa se lève d'un bond, explique qu'elles doivent partir, le petit ami les attend. Le psychanalyste se serait montré déçu, quel dommage, il aurait aimé qu'elles restent. « J'ai joué les idiotes, en répondant qu'on aurait aimé nous aussi, mais qu'on devait vraiment partir, et qu'on allait se revoir. J'ai tout fait pour qu'il nous laisse tranquilles, explique aujourd'hui la femme de 40 ans. Nous avons dévalé l'escalier, traversé la cour, passé les grilles du lourd portail, et on s'est mises à pleurer. Mon amie était en état de choc, elle n'a plus jamais voulu parler de cette histoire. Moi, je me disais que ça pourrait arriver à d'autres femmes. » À partir de ce moment-là, son histoire diffère de celle des autres victimes.

Dans les jours qui suivent, après s'être confiée à sa mère, elle se présente à la gendarmerie de la petite ville des Yvelines où elle habite. « Je ne savais même pas de quoi exactement je l'accusais. J'ai dit qu'on ne m'avait pas violée, mais qu'on m'avait fait des choses auxquelles je n'avais pas consenti, que j'avais été piégée. »

La femme gendarme qui la reçoit très gentiment lui dit qu'elle a été victime d'une agression sexuelle. Vanessa lui remet un petit papier et un flyer sur lesquels Gérard Miller a écrit à la main son numéro de téléphone, mais aussi les SMS qu'il lui a envoyés. Elle espère que ces preuves donneront du poids à son récit. Mais les mois passent, et rien ne se produit. Jusqu'à un après-midi, où son téléphone portable sonne dans un amphithéâtre de la fac de Nanterre. Vanessa sort de cours. À l'autre bout du fil, un policier lui parle de sa plainte contre Gérard Miller. « Il m'a dit que je n'étais pas la seule, qu'il avait "enquiquiné" d'autres jeunes filles, qu'ils l'avaient appelé, et lui avaient fait la leçon. Je me suis dit, OK, il ne se passera rien d'autre, ils lui ont juste tiré les oreilles », souffle amèrement Vanessa.

La procédure a-t-elle été classée sans suite, et pourquoi ? Difficile de le dire : ni Vanessa ni son avocate n'ont retrouvé trace de sa plainte. Lorsqu'elles ont interrogé la petite caserne de gendarmerie des Yvelines, on leur a répondu que les locaux avaient subi une inondation dans les années qui ont suivi, provoquant la perte d'une partie des archives.

Les parquets de Paris et Versailles n'ont pas non plus retrouvé de trace de cette plainte. Celle-ci aurait-elle pu être transférée d'un service de gendarmerie à un service de police sans qu'ils en soient informés ? C'est possible, selon Lorraine Questiaux, avocate spécialisée dans l'accompagnement des victimes de violences sexuelles : « J'ai vu ça des dizaines de fois, au cours de ma carrière. Des policiers et des gendarmes qui prennent les infos pêle-mêle, qui ne posent pas vraiment de questions, et qui dressent un procès-verbal de plainte sans numéro de procédure, qui n'est pas transmis au parquet. » Un magistrat nous confirme aussi que cela pouvait arriver à l'époque : « Peut-être qu'en 2003, face à cette situation, où quelqu'un dépose plainte sans avoir été violé, certaines oreilles n'étaient pas aussi aiguisées qu'aujourd'hui sur les violences sexuelles », concède-t-il, fataliste. Un manquement extrêmement grave. Car après cette date, d'autres femmes ont témoigné de viols ou d'agressions sexuelles de la part de l'ancien maoïste, notamment en 2004, 2014, 2015, 2017 et 2020.

Gérard Miller a-t-il vraiment été contacté par la police qui lui aurait « fait la leçon », comme le fonctionnaire l'avait assuré à Vanessa au téléphone ? Là encore, Lorraine Questiaux n'est pas étonnée : « Ça ressemble beaucoup à ce qui se faisait à l'époque, notamment dans les plaintes pour violences conjugales ou pour des viols entre conjoints. L'homme était convoqué, et on le sermonnait en pensant que ça suffirait. Mais sans suites judiciaires, ça donne aux agresseurs un sentiment d'impunité, l'impression que rien ne leur arrivera jamais. » Un élément, en tout cas, est troublant : d'après les dizaines de témoignages de femmes que nous avons collectés, le rythme des agressions présumées du psychanalyste, très nombreuses entre 1998 et 2003, semble avoir subitement ralenti après 2003.

Vanessa, elle, a redéposé plainte après la sortie de nos enquêtes. Elle espère que justice sera faite, cette fois. Même s'il n'en reste aujourd'hui aucune trace, elle ne regrette pas d'avoir déposé plainte il y a vingt et un ans. « Ça m'a aidée à me construire, et à passer à autre chose. Au moins, j'étais au clair avec moi-même. J'ai fait ce que j'avais à faire. » Aujourd'hui encore, 86 % des plaintes pour violences sexuelles sont classées sans suite, d'après une étude de l'Institut des politiques publiques, la plupart du temps en raison d'un manque de preuves et d'infractions « insuffisamment caractérisées ».

Décourageante prescription

Les victimes sont aussi parfois freinées par le délai de prescription, qui veut qu'un crime ou un délit ne puisse être poursuivi au-delà d'un certain délai, en l'occurrence trente ans pour un viol, dix ans pour une agression sexuelle. C'est le cas de Narjess, l'une de nos témoins, qui affirme avoir été violée par Gérard Miller en 1993 à l'âge de 15 ans, lors d'une séance d'hypnose au Club Med d'Hammamet, en Tunisie. Issue d'une famille musulmane conservatrice, pétrie de honte, Narjess garde le silence pendant des années, jusqu'à l'automne 2017. En plein scandale #MeToo, son vieux traumatisme remonte à la surface, mais à l'époque, un viol est prescrit au bout de vingt ans. Il est trop tard pour déposer plainte, mais elle ressent le besoin de confier son histoire. Elle contacte le site aufeminin.com, notamment sa rédactrice en chef, Marie-Laure Sauty de Chalon, qui décide de consulter une avocate afin d'évaluer les risques pour Narjess si elle témoigne publiquement.

Dans un mail auquel nous avons eu accès, l'avocate Zoé Royaux, consultée par la rédactrice en chef de aufeminin.com, écrit : « Outre une prescription, et donc une impunité juridique et judiciaire de cet homme, elle risque d'être la cible de nombreuses attaques en réponse de ce psy, et notamment de faire l'objet d'une procédure en diffamation. Il faut savoir que dans ce cas, la mise en examen est automatique. Donc, ce sera forcément douloureux pour elle. » Effrayée, Narjes renonce à publier son témoignage.

Dans un autre échange de mails auquel nous avons eu accès, Marie-Laure Sauty de Chalon dit avoir envoyé un message à l'adresse mail créée par la députée écologiste Sandrine Rousseau, suisjeseule@gmail.com, en espérant recueillir d'autres témoignages, et protéger ainsi Narjess de la diffamation. Lors d'une interview après la sortie de l'affaire, Sandrine Rousseau nous a confié avoir vu passer le nom de Gérard Miller sur cette adresse mail qu'elle avait dû fermer précipitamment sur ordre de la Cnil (voir chapitre 4).

Y a-t-il toujours autant de verrous aujourd'hui ? Désormais la justice est tenue d'enquêter systématiquement sur des faits prescrits, depuis une dépêche envoyée par l'ancien garde des Sceaux, Éric Dupond-Moretti, aux procureurs de la République, le 26 février 2021. Le ministre de la Justice y estime « indispensable, dans de tels cas, de faire systématiquement procéder à l'ouverture d'une enquête préliminaire », notamment pour pouvoir, grâce aux investigations sur la personne mise en cause, « découvrir l'existence d'autres victimes pour lesquelles les faits ne seraient pas prescrits, voire pour lesquelles seule l'enquête serait de nature à révéler des faits dont elles continueraient à souffrir ». L'avocate Lorraine Questiaux affirme avoir toujours encouragé les victimes de violences sexuelles à déposer plainte, malgré la prescription : « Ne serait-ce que pour laisser une trace en procédure, pour que ça reste dans un fichier, consultable par le parquet, si jamais des faits ultérieurs devaient être révélés. Cela joue aussi un rôle symbolique, ça met en branle le système judiciaire. Le fait que toute victime de violences puisse simplement être reçue et entendue, malgré la prescription, ça n'est pas rien, ça va dans le sens d'une société saine, qui est à l'endroit. »

« Même aujourd'hui, j'ai peur que cela ne serve à rien de porter plainte » (une victime présumée)

L'avocate a aussi développé, avec des consœurs féministes, un mode d'accompagnement des victimes consistant à les préparer avant leur dépôt de plainte : « On prend du temps avec elles, pour que dès la première fois, leur récit soit limpide. Les femmes sont souvent colonisées par la stratégie des agresseurs. La parole la plus spontanée des victimes de viol, c'est : "Peut-être que je n'ai pas été assez claire." Mais ce qu'elles expriment, ce n'est pas leur vrai ressenti, c'est fabriqué par la société, cette culpabilisation, cette minimisation des violences. Ce verrou a longtemps fonctionné, et entretenu l'impunité des agresseurs. »

Ce verrou, hélas, tient encore. Depuis que l'affaire a éclaté au grand jour, seules dix plaintes ont été déposées. Certaines y ont renoncé par peur de la médiatisation comme Anna* : « Après des échanges avec un proche qui travaille dans le milieu de la justice, il m'a clairement expliqué les conséquences liées à mon désir d'anonymat, nous écrit-elle en décembre 2024. Je serais à la disposition de la justice et serais interrogée en tant que partie civile dans un procès forcément médiatique. Et comme vous le savez je ne souhaite pas que mon témoignage soit à la portée de tous et surtout de ma famille... J'ai commencé une thérapie début septembre pour parler de tout ça, et ça m'aide beaucoup. » Marie-Hélène*, qui avait rencontré le psychanalyste en vacances à La Baule avant, dit-elle, d'être agressée, nous précise continuer à fréquenter ce lieu de villégiature avec sa famille, et fréquenter « un milieu privilégié où il est compliqué de faire des vagues ».

D'autres jeunes femmes pensent encore que leur démarche ne mènerait nulle part, comme Sophie : « J'ai peur que cela ne serve à rien. Que cela me mine le moral de constater que nous n'étions jamais entendues. » Mais cette posture peut évoluer. Ainsi, Mathilde, qui a déposé plainte pour viol contre Gérard Miller, avait consulté en 2006 une association d'aide aux victimes, qui lui avait déconseillé de se lancer dans une procédure contre un homme très médiatique, au vu de son état psychologique à l'époque. « Aujourd'hui, je les remercie de ce conseil, dit-elle. Car quand je vois ce par quoi je dois passer aujourd'hui, en tant que plaignante, je pense qu'à l'époque, j'aurais été broyée. »

D'après les chiffres de l'Observatoire des violences faites aux femmes, en 2022, seules 6 % des victimes de viols ou d'agressions sexuelles avaient déposé plainte.

Conclusion

Ces huit dernières années, le travail d'enquête sur les violences sexistes et sexuelles s'est enfin fait une place dans l'espace journalistique français, de manière transversale, de la rubrique politique à la rubrique culture en passant par les pages sport. C'est ce qu'a pu constater Charlotte Buisson, doctorante en sciences de l'information et de la communication dont la thèse porte sur l'affaire Baupin. « Les VSS au cours des années 2010, et encore plus au cours des années 2020, sont devenues des objets légitimes du travail journalistique. Ce n'était pas forcément le cas avant. L'affaire Denis Baupin sortie par *Mediapart* a vraiment fait date en 2016. Ensuite, #MeToo est évidemment un moment charnière là-dedans. »

Quelle est, selon elle, la spécificité de ces enquêtes ? « C'est le rapport que les journalistes vont entretenir avec les sources et notamment les femmes qui témoignent. On est sur des récits très intimes et qui touchent des plaies parfois encore ouvertes, des traumatismes encore très présents. La difficulté, c'est de travailler avec des personnes qui sont à la fois sujet et objet de l'enquête. Elles vont être des personnages à part entière dans le récit journalistique. C'est un enjeu important puisqu'on est encore dans un espace social où il est toujours difficile de dénoncer les violences sexuelles, surtout où une "présomption de mensonges" pèse sur les femmes qui témoignent publiquement. » Force est de constater aussi que les journalistes qui œuvrent à ces enquêtes sont en grande majorité des femmes : Jodi Kantor et Megan Twohey aux *New York Times* pour l'affaire Weinstein, aux États-Unis, Lenaïg Bredoux et Marine Turchi à *Mediapart*, Lorraine de Foucher au *Monde*, Laure Breton à *Libération*, etc. « Les questions de violences sexuelles ont été initialement impulsées par des journalistes féministes qui ont vu l'importance du sujet et qui ont su le politiser et l'imposer à l'agenda médiatique et à l'agenda de la rédaction », constate la chercheuse. Il était donc logique que *Elle*, fait par des femmes pour des femmes, apporte désormais sa pierre à l'édifice.

L'affaire Gérard Miller est désormais entre les mains de la justice. C'est à elle de décider si les éléments en sa possession aboutiront à une éventuelle mise en examen, à un éventuel procès. Le psychanalyste bénéficie de la présomption d'innocence. En tant que journalistes, nous avons tenté de trouver de nouvelles victimes présumées, d'apporter de nouvelles révélations sur la complaisance des uns ou le silence des autres, d'éclairer les enjeux politiques, sociétaux, culturels de cette affaire hors norme. Parce qu'au même titre qu'enquêter sur la fraude fiscale, les malversations, les magouilles politiques, les scandales écologiques, travailler sur les violences sexuelles est de notre responsabilité. C'est un sujet d'intérêt public, personne ne peut plus aujourd'hui en douter.

Depuis que le mouvement #MeToo a commencé, un contre-feu tente pourtant de discréditer le travail des journalistes spécialistes des violences sexistes et sexuelles. « Tribunal médiatique », « chasse aux sorcières », « mise à mort sociale », « fin de la présomption d'innocence »... Si certains détracteurs du « Vertige #MeToo » se targuent de bien faire le distinguo entre enquêtes journalistiques et cabale numérique, leur discours entretient, *in fine*, une forme de confusion et nourrit l'idée que les journalistes se substitueraient à la justice.

L'affaire Gérard Miller nous enseigne tout le contraire. Pendant trente ans, personne n'a questionné son attitude sur les plateaux de télévision, ni les bruits de couloir dans la rédaction du Média. Les alertes lancées au département de psychanalyse à la fac de Paris-8 ont été ignorées. La seule plainte déposée en 2003 a été classée sans suite, et perdue, noyée dans les caves d'une gendarmerie des Yvelines. Certaines victimes présumées ont été découragées de porter plainte. Il a fallu que l'affaire éclate dans les médias, pour que près de quatre-vingt-dix femmes se manifestent, donnant le courage à dix d'entre elles de déposer enfin plainte, forçant la justice à ouvrir une enquête préliminaire. Elles ont vu dans la presse le recours qu'elles n'avaient pas trouvé ailleurs. Sans ce travail journalistique – où chaque témoignage est vérifié, recoupé –, Gérard Miller aurait poursuivi sa route, chantant les louanges de #MeToo sur les plateaux de télévision. Les victimes présumées, elles, auraient continué à ravaler leur honte.

Annexe

Dans le respect du contradictoire, nous avons envoyé à l'avocate de Gérard Miller un mail détaillé avec de nombreuses questions à propos des nouvelles révélations faites dans cet ouvrage. Six jours plus tard, Maître Louise Tort nous a fait parvenir sa réponse, portant principalement sur les dysfonctionnements du département de psychanalyse de Paris-8, que nous reproduisons ici en intégralité.

Bonjour Mesdames,

Le respect du contradictoire est une exigence de justice absolument fondamentale et si ce n'est le nom que vous lui donnez, rien dans vos mises en demeure de grands inquisiteurs ne peut être qualifié ainsi.

C'est pourquoi je n'y ai en effet pas répondu jusque-là et il est évident que s'agissant de toute la première partie de vos accusations, je ne ferai pas autrement, réservant notre parole à ceux chargés de rendre la justice dans le respect des principes de l'État de droit.

Mais puisqu'il s'agit maintenant de noircir encore un peu plus le tableau en le blâmant également pour son enseignement et ses activités administratives à l'Université PARIS 8, où il a enseigné durant 42 ans, Monsieur MILLER entend présenter les observations suivantes sur le fatras d'inexactitudes et de sottises que constitue le deuxième volet de votre message :

« D'abord, le choix d'évoquer l'année universitaire 2013-2014 n'est pas un hasard, le nom cité en fin de parcours de Madame Anne L. éclairant en grande partie ce choix, même si on se garde bien de le présenter comme tel. En 2014 en effet, cette dernière, qui avait remplacé depuis peu la secrétaire du département de Psychanalyse partie à la retraite, a nourri un vif ressentiment à l'égard et de la psychanalyse et du département dont j'étais alors le directeur et elle a décidé d'abandonner brusquement son poste du jour au lendemain, sans préavis, sans avertir ni les étudiants, ni les enseignants. Pour justifier cet abandon de poste et obtenir une autre affectation dans l'université, qu'a-t-elle dit à ce moment-là à sa hiérarchie, quel malaise a-t-elle évoqué, quels reproches a-t-elle formulés ? Je l'ignore. Elle a refusé tout contact et je n'ai jamais pu m'entretenir avec elle de son brusque départ, et pas davantage avec la Direction des ressources humaines ou la Présidence de PARIS 8, qui n'ont pas cherché à me joindre. Pour ma part, je n'ai jamais été informé d'une quelconque "enquête interne ouverte dans le cadre d'une suspicion

de harcèlement moral", d'ailleurs, ni moi, ni aucun de mes collègues enseignants du département n'a même seulement été contacté. Puisque sont employés néanmoins ces termes, j'affirme n'avoir jamais fait "subir des humiliations" (lesquelles ?) à Madame Anne L., ne jamais lui avoir "confié des tâches qui ne relevaient pas de ses fonctions" (lesquelles ?) ou ne jamais l'avoir "traitée comme une domestique" – expression pleine de mépris et particulièrement détestable.

Il m'est aussi reproché d'avoir abusivement augmenté, toujours la même année 2013-2014, la rémunération des chargés de cours du département de Psychanalyse. Non seulement il n'a jamais été en mon pouvoir de réévaluer les rémunérations des chargés de cours, mais surtout la simple consultation de ce qu'on appelle les "états d'heures complémentaires" montre qu'il n'en est rien. Par exemple lorsqu'il est évoqué que "certains chargés de cours qui auraient donné seulement 14,5 heures de cours effectives, mais ont été déclarés 66 heures", on peut lire sur les états qu'il y a en effet deux enseignants déclarés 66 heures chacun (27,5 heures au 1er semestre et 38,5 heures au 2e semestre) et que cela correspond exactement à un enseignement facilement identifiable sur les programmes, ayant eu lieu 12 fois dans l'année, le samedi après-midi, de 13 h 30 à 19 heures, distribué en trois séquences : 1. Cours de thérapeutique 2. Séminaire de casuistique 3. Conférences de prag-

matique. 5h30 x 12 = 66 ! En résumé, il y a eu cette année-là 31 chargés de cours, 283 heures complémentaires déclarées au 1er semestre, 390 au second, et chacun des chargés de cours a été payé pour le travail fourni à des horaires et dans des cadres précisément indiqués, cadres habituels à l'université (séminaires et conférences) ou propres au département ("présentations de malades" et "ateliers cliniques"), aucun enseignant n'ayant donc été ni "trop" payé, ni payé pour des enseignements non effectués.

Il m'est également reproché – on reste en 2013-2014 –, de m'être "alloué 78 heures de cours supplémentaires" pour un séminaire qui aurait eu lieu "dans les locaux de l'ECF", et ce alors que les étudiants (avaient) cours à ce moment-là sur le site de l'université. D'une part, il est tout ce qu'il y a plus habituel dans une université que deux cours du même département, voire plusieurs, aient lieu en même temps, et d'autre part n'y a jamais eu (ni cette année-là, ni une autre), un séminaire du département de Psychanalyse (ni le mien, ni un autre), qui s'est tenu dans les locaux de l'École de la cause freudienne. Et en ce qui me concerne, je n'ai effectué aucun "cours supplémentaire" que je me serais "alloué", ayant accompli comme il se doit l'intégralité de mon service enseignant, à quoi s'ajoutaient les nombreuses missions liées à mes responsabilités administratives. Simplement, comme depuis la fin des années 70, plu-

sieurs séminaires de recherche, dont le mien, se sont tenus – avec l'accord de l'université – dans des locaux situés dans le 9e arrondissement de PARIS, locaux prêtés au département de Psychanalyse, c'est-à-dire mis à sa disposition sans aucune contrepartie financière. Ces séminaires étaient réservés aux étudiants préparant un master ou une thèse et n'étaient donc pas ouverts aux étudiants de ce qu'on appelait les "enseignements fondamentaux", enseignements qui avaient tous lieu à SAINT-DENIS et se terminaient au plus tard à 18 heures, alors que les séminaires de recherche se déroulaient toujours, le mien comme les autres, en fin d'après-midi ou en début de soirée (notamment pour permettre aux étudiants salariés d'y assister).

Autre reproche : l'inscription à la "section Clinique". Depuis sa création dans les années 70, cette Section a toujours été gérée par le service de la formation permanente de l'université. Les participants s'y inscrivaient à titre individuel ou par le biais de l'institution de la "santé mentale" dans laquelle ils travaillaient. Cette inscription en "formation permanente" était distincte de l'inscription en "formation initiale", les enseignements proposés étaient différents de ceux proposés en formation initiale et ils avaient tous lieu en dehors de PARIS 8, notamment dans des centres hospitaliers. La plupart des participants de la section Clinique avaient déjà une activité professionnelle (psychologues, psychiatres, édu-

cateurs, etc.), mais il était en effet proposé à des étudiants en master ou en thèse qui n'avaient pas accès à des institutions intéressant le domaine de la santé mentale, de s'y inscrire. Bien évidemment, le paiement de tous les droits d'inscription à cette section Clinique était géré par un agent comptable de l'université (les chèques étaient établis à son ordre) et, comme pour les inscriptions en formation initiale, c'est par lui que transitait, sans exception, toute somme versée, comptabilisée ensuite par le service de la formation permanente, qui gérait de A à Z les recettes comme les dépenses. Dans les années 2010, la maquette du Master de psychanalyse a été transformée, notamment pour se connecter davantage au domaine de la santé mentale, et les enseignements de formation permanente, jusque-là distincts des enseignements de formation initiale, ont tous été intégrés dans ladite maquette. Du coup, il n'y a plus eu besoin d'une éventuelle inscription complémentaire pour assister notamment à une présentation de malades et le département n'a dès lors plus travaillé avec le service de la formation permanente.

Enfin, pour répondre à cette accusation d'avoir "fait acheter par l'université 300 DVD de (mon) documentaire Rendez-vous chez Lacan*", il me faut rappeler comment les commandes et les achats se déroulaient quand j'étais le directeur du département.*

Le département disposait de plusieurs budgets de fonctionnement (par exemple pour la recherche ou pour la section Clinique). Ces budgets servaient à financer une publication, organiser un colloque, acheter de l'équipement, etc. Chaque dépense nécessitait un bon de commande, qui était géré par le service des commandes de l'université. L'initiative d'achat était celle du département, mais cet achat devait être validé, puis suivi par ce service. Il y avait en effet différentes contraintes à respecter, par exemple passer par des "marchés", c'est-à-dire par des entreprises avec lesquelles l'université avait négocié en amont.

De manière tout aussi erronée, jamais l'université n'a acheté 300 exemplaires du film Rendez-vous chez Lacan *que j'ai réalisé et que France 5 a diffusé en 2011. Peut-être y a-t-il un ou deux de ces DVD à la bibliothèque universitaire de PARIS 8, j'avoue l'ignorer, mais dans tous les cas ce n'est pas à mon initiative. Quant aux budgets de fonctionnement du département, s'ils ont en effet permis au cours des années soit de faire fabriquer à l'université, soit de faire fabriquer par un prestataire extérieur, soit d'acheter à un fournisseur du matériel pédagogique pour les étudiants (des revues, des livres, des CD et, en effet, des DVD), il se trouve que le film* Rendez-vous chez Lacan, *publié par les éditions Montparnasse en 2012, ne fait pas partie des DVD achetés. »*

Ni la liberté de la presse, ni le droit d'informer, ni le fait de proposer à la défense « un prétendu contradictoire » une semaine avant de transmettre votre manuscrit, ne dispensent de faire preuve d'un minimum d'objectivité, d'accomplir les vérifications élémentaires et de prendre les précautions nécessaires avant d'avancer de fausses informations.

Remerciements

Merci à toutes les femmes qui ont accepté de nous confier leur histoire. Sans elles, ce livre n'aurait pas pu voir le jour. Merci à celles et ceux qui ont accepté de se livrer à visage découvert lors de notre toute première enquête : Muriel Cousin, Anna Mouglalis, Stéphane Guillon.

Merci à Ava Djamshidi, Véronique Philipponnat, Valérie Salomon pour leur confiance, leur soutien et leur volonté d'écrire une nouvelle page de l'histoire du magazine *ELLE*, en nous donnant les moyens d'enquêter sur des thèmes que ce titre défend depuis des décennies. Merci aussi à Stéphanie Videau Aphatie, à Marguerite Baux et à Coraline Brouez, pour leur disponibilité sans faille y compris à des heures indues, et à toute la belle rédaction de *ELLE* qui nous a accompagnées lors de la parution de cette enquête.

Merci à nos éditeurs, Gabriel Zafrani et Céline Poiteaux, pour leur enthousiasme et leurs conseils judicieux.

Merci à nos familles pour leur soutien lorsque nous étions moins disponibles, happées par cette enquête.

Nos pensées vont aussi à Sophie Charnavel, présidente des Éditions Robert Laffont, disparue le 19 septembre 2024, à 47 ans.

Table des matières

Table des matières

Imprimé en France par
CPI Brodard & Taupin
en mars 2025

Composition réalisée par Facompo à Montrouge

#lisez engagé !
www.lisez.com
Pour plus d'information :
Imprimé sur du papier issu de forêts gérées durablement.

N° d'édition : 68384/01 – N° d'impression : 3060670